韓食‧健康雙酵料理

吉川創淑

瑞昇文化

U0056415

本書所介紹的料理主題，是我平時在吃的東西，同時也是我現在很關注的「發酵食品」。

在這次介紹的主題當中，其中之一包含了酵素液。在韓國，基本上每個家庭都把梅子的酵素液當作調味料來使用，酵素液對韓國人來說是一種垂手可得的家庭常備品。而我本身也會將各式各樣的蔬菜、水果製成酵素液。在日本，酵素被視為較特殊的東西，因此若能在料理教室學習如何製作酵素，那真的很令人高興。大家對酵素的印象，大多是把它定位在健康食品的範疇裡，因此一想到自己也能製作，似乎也感到蠻不可思議的。

我所製作的酵素液，是在什麼樣的狀態下發酵、熟成的呢？關於這一點，我請對酵素有長年研究、隸屬於大阪某酵素公司的專家幫我調查。分析出來的結果是，我所製作的酵素液裡含有大量的優質發酵菌。由此可以確定，如果能讓廚房裡的蔬菜或水果以正確的方法去發酵，絕對可以順利製成酵素液。

當決定要出版本書時，我把第一章節訂為「酵素」的原因是，我希望酵素液可以作為一種食品或者調味料，更加有效地被利用。酵素不耐熱，所以只要不加熱直接食用，身體就能吸收到酵素的最大功效。即便加熱食用，也可以當作是富含胺基酸的美味調味料。材料單純好取得，製作方法也很簡單。只要將蔬菜或水果加糖，以1：1的比例醃漬即可。並能廣泛地運用在料理、飲料和甜點當中。

我將本書的第二章節放在同樣身為發酵食品的泡菜和味噌上，使用這些素材來研發嶄新口感的食譜料理。另外，我再把製成發酵食品的基底材料－蔬菜、樹果和雜穀放在第三章節，用這些材料來製作韓式料理。如上述三個章節，總共彙整成一冊。這些食材的好處，都能幫助我們提升身體的免疫力。還有，像我自己每天都有固定在攝取，所感受到的變化就是增強了身體的再生能力。

大家對韓國料理的印象應該是又紅又辣，實際上，韓國料理是世界上最能吃到大量蔬菜、對身體有益處的溫和料理。我以韓式料理做基礎，再以自己的風格做變化，在此向各位讀者獻上這本能讓您變得漂亮又有活力的韓式風格食譜。請務必要好好利用。

吉川創淑

酵素＋發酵＝美麗、活力雙重擁有★！

韓食‧健康雙酵★COOK BOOK

製作前請詳細閱讀

- 材料欄裡的酵素（洋蔥酵素、檸檬酵素等），指的是酵素液。
- 酵素無須加熱就可製成，因此，請先將會用到的容器、菜刀、砧板等器具，以及自己的雙手徹底殺菌，洗淨後，再開始製作。另外，請確實遵守砂糖的份量，注意不要讓酵素腐壞。
- 加熱時間以及保存期限，是依據李明園料理教室所提供的器具調理之下的基準。讀者請根據自己所使用的器具，觀察實際狀況做調整。
- 材料後面所標記的「切泥」，是指一種細緻到接近磨泥程度的「細末」。
- 材料的切法、尺寸和大小，只是基本數值，不需要絲毫不差地照做。
- 韓式辣椒粉是採用中等顆粒的。
- 胡椒若無特別標示黑、白，請依個人喜好添加即可。
- 除非有特別指定，否則醬油一律採用濃口醬油。
- 藥念是指替料理增添色香的調味料或辛香料。使用醬油和味噌的稱作藥念醬。
- 乾辣椒指的是曬乾的紅辣椒。若無特別指定，則可以使用鷹爪辣椒代替。另外，也可以將紅辣椒縱切成兩半，連同辣椒籽一同曬乾製成。
- 一大匙為15ml，一小匙為5ml，一杯為200ml。
- 材料當中的幾人份（4人份、2～3人份等），只是參考數值。請配合實際情況做增減。
- 基本上盡可能會幫蔬菜類標示數量（幾根）。但由於大小有個體差異，請做為參考數值即可。

chapter 1

利用親手做的酵素液，運用在從早餐到下酒菜上

酵素食譜料理

聽說酵素對身體很有益處，因此相當受人關注，不過，酵素始終未能普遍地被運用在每個家庭的菜餚上。就讓我們藉由本書，開始來製作酵素液並且將它運用在料理中，變得漂亮又有活力吧！

何謂酵素？

酵素是我們人體進行消化和代謝的生命活動時，不可或缺的營養素。酵素除了可以在我們體內生成，也蘊藏在肉類、魚類、蔬菜和水果等新鮮尚未煮熟的食材裡。

酵素有什麼功效？

酵素可以幫助消化，也可提高營養的吸收力。另外，被人體吸收的營養素，可以快速地被傳送到身體各部位，讓新陳代謝變得更好，身體也不容易畏寒。除此之外，一旦消化和代謝的能力變好，就能達到排出體內不良物質的排毒效果。依我個人來看，藉由酵素帶來的好處是，它讓我的皮膚變得更水嫩漂亮了。

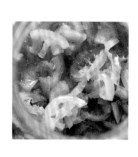

酵素液是一種可以**自己製作**的東西嗎？

本書所提到的洋蔥酵素或檸檬酵素，指的是利用富含酵素的新鮮蔬菜或水果，加入砂糖醃製，讓它發酵‧熟成後的「酵素液」。由於成分已被濃縮，因此能更有效地攝取到酵素。

經常有人對我說：「我從來不知道原來酵素液可以自己做」。本書所介紹的都是利用手邊就有的材料、在自己家就可製作的方法，請您務必要試做看看。

※除了參考「酵素液的製作方法（P.8～P.9）」之外，也請務必衛生‧安全地製作，並且做好發酵後的管理。

如何使用**酵素**？

酵素不耐熱，使用時請勿加熱。

另外，隨著發酵過程的演進，酵素的美味會倍增，變成較深沉的口感，作為調味料使用，是一種很棒的材料。自從我把它當作調味料運用在各種料理中，就漸漸地不再使用市售的醬汁或沙拉醬了。它總是可以讓料理的餘味變得清爽，而且還能突顯各食材的風味。

※使用方法請參閱第10頁。

■ 本章節所介紹的**酵素液**

洋蔥酵素
最容易取得且便於製作的酵素。

檸檬酵素
可以幫料理增添清新的香氣。

梅子酵素
廣泛地被運用在甜點至各類下酒菜當中。

蘋果酵素
讓肉類料理和魚肉料理更有風味。

製作酵素液的方法（例・洋蔥酵素）

在這裡，我們使用洋蔥酵素作範例，教大家如何製作酵素液。

為了避免失敗，並且可以安全地完成，請選擇新鮮、富含水分的素材，然後使用徹底洗淨後完全乾燥的容器。

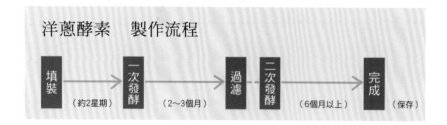

洋蔥酵素　製作流程

填裝 → 一次發酵 → 過濾 → 二次發酵 → 完成

（約2星期）（2～3個月）　　（6個月以上）（保存）

1 準備材料

材料
洋蔥…300g
砂糖…300g

請準備相同份量的洋蔥和砂糖。※1請準備一個當材料放入後，只佔7成空間（需要空出3成的空間）的瓶子。※2

※1 只要是相等的重量，不限制於300g，可以準備自己希望製作的份量。砂糖是使用細砂糖或白砂糖。亦可使用三溫糖或黑糖，只是完成後顏色會較深。

※2 若是採用洋蔥300g、砂糖300g的份量製作，則需要容量為750ml以上的瓶子。

✦comment

在材料當中選擇使用大量的砂糖，是為了避免酒精發酵和醋酸發酵。砂糖屬於雙醣類，分解後會變成單醣類的葡萄糖。製作酵素液的過程中，會不斷地起泡泡，這是因為排出二氧化碳，並供給新鮮氧氣的現象，若無此過程，醋酸發酵或酒精發酵就不會成功。

2 將洋蔥剝皮

將洋蔥清洗乾淨，然後剝皮，再擦乾水分。洋蔥皮也要晾乾。※3

※3 如果沒將水分擦乾，就會失敗，因此，確實將洋蔥和洋蔥皮晾乾這一點非常重要。

3 將洋蔥切片

將洋蔥縱切成兩半，再順著纖維切成厚5mm的薄片。※4

※4 順著纖維切，才不會在浸泡的時候散掉，也可以完整地過濾。

4 連同洋蔥外皮一同放入調理碗中

將洋蔥皮撕成適當的大小放進去。

5
加入砂糖

一次就把等量的砂糖全加進去。

6
混合攪拌

使用木鏟將砂糖攪拌均勻。

7
放置2天

用保鮮膜把調理碗包好，然後在常溫下放置2天。

8
移入瓶內

如同照片所示，已經順利出水後，就移入瓶子內。※5

※5 為了避免在製作過程中造成損傷，請務必使用乾淨且確實晾乾的瓶子。

9
為期2個禮拜的時間，每天都要打開蓋子攪拌一次

差不多要醃泡2星期左右的這段時間，每天都要攪拌一下，把氧氣輸送進去。可以不把瓶蓋拴緊，或者只在瓶口蓋上棉布後用橡皮筋綁好即可。

10
第一次發酵

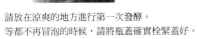

請放在涼爽的地方進行第一次發酵。等都不再冒泡的時候，請將瓶蓋確實栓緊蓋好。

★ *comment*

發酵分成第一次發酵和第二次發酵兩個階段。第一次發酵需要2～3個月的時間。放在涼爽的地方，常溫下需要2～3個月的時間，冬天時則需要到3個月左右的時間。隨著時間的演進，泡泡會越冒越少。如果感覺泡泡還是持續地在冒，請再靜置一段時間，讓它繼續發酵。
＊如果是發酵時間越久，味道就會變得越苦的食材，建議在第一次發酵完成後就開始使用。以檸檬為例，自浸泡發酵2～3月後，就要盡早使用完畢。

11
過濾後，進行第二次發酵

comment

這裡雖然沒有訂定第二次發酵的所需時間，但建議還是放置6個月以上，進行發酵、熟成比較好。隨著熟成時間的演進，味道也會變得更加深沉、更有風味。我所使用的洋蔥酵素發酵期為6個月，梅子酵素則為1年。液體的顏色呈透明，混濁的話代表雜菌已經開始繁殖了。

過濾後，移入乾淨的新瓶子裡。放置在涼爽的地方進行第二次發酵。

酵素液的使用範例

在此以飲品和醬料為例，教大家如何使用酵素液。

酵素不耐熱，因此，必須運用在不加熱的飲品、沙拉醬和醬料當中，較容易獲得效果。另一方面，如果是運用在50℃以上的料理，雖然無法獲得酵素本身的功效，但可以做為增加深沉滋味的調味料，讓料理變得更加好吃。

蘋果酵素飲料

蘋果酵素冰沙

酵素液無須加熱就可使用。可以促進消化功能，是一款令人每天早上都想來一杯的飲品。

●材料（2杯份）
高麗菜…50g
蘋果…1/2個
蘋果酵素…3大匙
水…1/2杯
冰塊…適量

●作法
1 將高麗菜和蘋果切成細末。
2 將蘋果酵素、水、冰塊和步驟1的食材混合在一起，然後放入果汁機裡攪拌均勻，再倒入玻璃杯即可。

洋蔥酵素和蘋果酵素蘇打

烤牛肉
添加2種酵素醬料

在特別的日子裡想要來一道烤牛肉，
這時就可以使用活化洋蔥甜味的洋蔥酵素醬料，
以及口感溫和的蘋果酵素醬料。
以上兩種酵素同樣無須加熱就可直接使用。

●材料（4人份）
牛腿肉（牛後腿）整塊肉
…400g
醃料
「鹽巴…適量
└胡椒…適量
沙拉油…1大匙
小黃瓜…1根
梨子…1/4個
豆苗…適量
紅辣椒…少許
綠辣椒…少許

洋蔥酵素醬
「洋蔥酵素※…1大匙
 醬油…1大匙
 甜柿醋…2大匙
 芝麻油…1小匙
└顆粒芥末醬…2小匙

蘋果酵素醬
「蘋果酵素※…2大匙
 義大利香醋…2大匙
 鹽巴…1/2小匙
 黑胡椒…少許
 大蒜汁
「大蒜泥…1/2小匙
└酒…1小匙

※洋蔥酵素的做法 →P.12
※蘋果酵素的作法 →P.38

●作法
1 在牛腿肉上稍微撒多一點鹽巴和胡椒，然後靜置一會兒。
2 熱平底鍋，接著塗上一層沙拉油，然後再把步驟1的牛腿肉放入，煎至肉塊變色。
3 將步驟2的牛腿肉用鋁箔紙包好，再放回平底鍋中（已經熄火的狀態），接著蓋上鍋蓋靜置30分鐘。待放涼至不燙手的程度，就可放入冰箱冷藏。
4 將洋蔥酵素醬的材料混合在一起，並充分攪拌均勻。
5 先將蘋果酵素醬材料裡的大蒜泥和酒徹底攪拌均勻後，過濾起來做成大蒜汁，再與其它的材料混在一起，並充分攪拌均勻。
6 將小黃瓜和梨子切成絲。
7 將步驟3的牛腿肉切成厚2～3mm的牛肉薄片，再包入步驟6的食材與豆苗。
8 將包好的牛肉薄片捲盛入盤中，然後放上裁好形狀的紅辣椒與綠辣椒，最後再擺上步驟4跟5的醬料即可。

＊後腿肉是指牛腿內側的肉，此部位肉質柔軟、口感清淡。
＊如果沒有甜柿醋，也可以用家裡常用的醋代替。

使用洋蔥酵素讓味道和效果都升級

洋蔥酵素的製作方法

材料	洋蔥　砂糖（與洋蔥同等重量）
前置作業	參閱酵素的做法（P.8～P.9）。
醃漬方法	參閱酵素的做法（P.8～P.9）相同。
洋蔥	第一次發酵結束後，撈出來回收。可以運用在果醬當中。

洋蔥酵素

辣味炸蝦

洋蔥酵素的風味以及甜味，可以壓制肉類或魚貝類獨有的味道。這道料理雖然添加了辣味醬汁，但料理本身也帶有濃郁的口感，成為一道值得珍藏的美味佳餚。

●材料（4人份）

蝦子…12～14尾

醃料
┌ 鹽巴…少許
└ 胡椒…少許

蛋白…1顆分

太白粉…4大匙

辣味醬汁
┌ 洋蔥酵素…2大匙
│ 番茄醬…4大匙
│ 玄米醋…1.5大匙
│ 豆瓣醬…1小匙
│ 大蒜（切片）…4片
│ 綠辣椒（切泥※）…1小匙
│ 甜辣醬…1大匙
│ 酒…1大匙
│ 鹽巴…少許
└ 胡椒…少許

米紙…1張

芽蔥…2根

沙拉油…適量

※綠辣椒後面所標記的「切泥」，是指一種細緻到接近磨泥程度的「細末」。

●作方

1　將蝦子洗淨、剝殼，然後挑去腸泥。

2　在步驟 **1** 的蝦子撒上鹽巴和胡椒，接著淋上蛋白。

3　將辣味醬汁的材料混合在一起，並充分攪拌均勻。

4　將沙拉油加熱到170℃，接著將米紙放進去油炸，趁還沒炸到變色前取出。

5　在步驟 **4** 的沙拉油中放入步驟 **2** 的食材，炸至表面酥脆。

6　將步驟 **3** 的食材放入平底鍋中，接著煮到起泡，再加入瀝乾油份的步驟 **5** 食材，然後拌入辣味醬汁。

7　將步驟 **4** 的米紙放入盤中，再盛入步驟 **6** 的食材，最後再以芽蔥添飾即可。

●材料（4人份）
牛瘦肉薄片…100g
醃料
┌ 洋蔥酵素…1小匙
│ 醬油…1/2大匙
│ 芝麻油…1/2小匙
└ 胡椒…少許
水芹…1束
綠豆芽菜…200g
醬汁
┌ 洋蔥酵素…2大匙
│ 醬油…2大匙
│ 玄米醋…1大匙
│ 豆瓣醬…1/2大匙
│ 大蒜（切泥）…1/2大匙
└ 芝麻油…1小匙
紅色甜椒…少許

●作法

1　將牛肉切絲，並將醃料的材料混合在一起，然後將牛肉絲浸泡在裡面約10分鐘。將綠豆芽菜的根部和豆仁去掉。

2　熱好平底鍋（不加油），接著將步驟**1**的牛肉絲放進去煎烤。

3　把鹽巴（記載份量外／少許）加入煮沸的熱水當中，然後將步驟**1**的豆芽菜放進去快速汆燙一下。

4　把芹菜放入煮沸的熱水當中汆燙，接著切成3cm長，並瀝乾水分。

5　將醬汁的材料混合在一起，然後充分攪拌均勻。

6　將步驟**2**、**3**、**4**的食材放涼至不燙手的程度，再和步驟**5**的醬汁拌在一起。

7　將食材盛入盤中，最後再以切好絲的紅色甜椒做添飾即可。

洋蔥酵素

牛肉水芹豆芽菜拌酵素

豆芽菜和水芹被稱為排毒功能極佳的蔬菜，特別是水芹具有排出鹽分、藉此提高免疫力的效能。
將這2種食材和牛肉配在一起，再把洋蔥酵素那溫和的口感融入豆瓣醬中，營造出清爽的滋味。

菇類酵素沙拉

菇類食材富含膳食纖維，也蘊含了礦物質等其他多種營養素。
將洋蔥酵素加入沙拉醬中，藉由酵素的力量讓營養更升一級。

●材料（4人份）
鴻禧菇…2包
杏鮑菇…1包
舞茸…1包
沙拉醬
┌洋蔥酵素…3大匙
│研磨芝麻…5大匙
│美乃滋…2大匙
│蘋果醋…3大匙
│醬油…1大匙
│鹽巴…1/2小匙
└芥末糊…1小匙
義大利巴西里…適量

●作法
1　將鴻禧菇切成容易入口的大小，並將它弄散，杏鮑菇要切片，舞茸要撕爛。
2　熱一下平底鍋（不加油），將步驟**1**的菇類放進去燜炒。
3　將沙拉醬的材料混合在一起，並且徹底攪拌均勻。
4　將步驟**2**的菇類盛入盤中，接著再以義大利巴西里做裝飾，最後再擺上步驟**3**的沙拉醬即可。

| 洋蔥酵素 | 味噌 | 樹果/雜穀 |

藥苦椒醬

「藥苦椒醬」是指加入牛肉的「苦椒醬」。
是一種非常受歡迎的韓國伴手禮。在藥念醬裡加入洋蔥酵素，就可變成帶有深沉風味的手作苦椒醬。

●材料（4人份）
牛瘦肉…100g
杏仁…1大匙
胡桃…1大匙
松仁…1大匙
藥念醬
┌ 洋蔥酵素…4大匙
│ 苦椒醬…5大匙
└ 大蒜（切泥）…1/2大匙
芝麻油…1大匙
蜂蜜…2大匙
沙拉油…1大匙

●作法
1　將牛肉切成粗末。
2　將杏仁和胡桃切成粗末。
3　熱好平底鍋後塗上一層沙拉油，然後放入步驟1的牛肉進去拌炒。
4　加入步驟2的食材、松仁和藥念醬後，再繼續拌炒。
5　待炒滾並發出嘆滋嘆滋的聲音後，再加入芝麻油和蜂蜜混合攪拌在一起，最後再盛入盤中就完成了。

★品嚐美味的好方法

藥念醬擁有牛肉的美味以及堅果的香氣，可以把它放在飯糰上，再用荏胡麻葉和萵苣葉片包起來吃。
上面和左邊照片裡的飯糰，是用十穀米煮的喔！
還可以配點韓式黃豆芽菜拌菜或醃漬物一起享用。

洋蔥果醬

在製作洋蔥酵素的過程中，請勿將撈起來的洋蔥丟掉，可以把它做成果醬喔！
獨有的風味以及甜味，最適合用來塗在麵包上。不僅跟肉類料理很合味，還可以跟火腿配著一起吃。

●材料

洋蔥※…500g
洋蔥酵素…1杯
檸檬汁…1大匙
肉桂粉…1小匙

※洋蔥是使用製作洋蔥酵
素時，撈起來的洋蔥。洋
蔥皮不要用。

●作法

1 把洋蔥和洋蔥酵素混合在一起，
　再放入果汁機裡打成粗末。

2 把步驟 **1** 的洋蔥末放入鍋中，然
　後開中火，待煮滾之後轉成中小
　火燉煮30分鐘。水量若不足夠，
　請慢慢地加點水（記載份量外）
　進去，最後再加入檸檬汁。

3 待放涼至不燙手的程度時，再加
　入肉桂粉混合攪拌在一起，增添
　香氣。

4 移入乾淨的瓶子裡，然後放進冰
　箱冷藏。

＊放入冰箱冷藏約可以保存1個月。

★推薦飲品

把蘋果酵素（P.38）和肉桂加進紅茶裡，
調成蘋果肉桂茶。

檸檬酵素的製作方法

材料	檸檬　砂糖（與檸檬同等重量）
前置作業	將檸檬徹底洗淨並擦乾水分，連皮切成2mm～3mm厚的半月型或扇型。
醃漬方法	請參考酵素的製作方法（P.8～P.9）。
檸檬	等待第一次發酵完畢後，撈出來回收。可以運用在料理或沙拉醬中。

※檸檬請使用沒有打蠟的。如果無法取得，請用鹽巴確實地搓洗乾淨。
※檸檬隨著長時間發酵會變得越苦，請在醃泡後2個月將檸檬撈出，並在3個月內使用完畢。

> 檸檬酵素

甜醋漬白蘿蔔加檸檬酵素

適合跟燒肉配在一起吃的甜醋漬白蘿蔔。
檸檬酵素讓料理變得更加清爽，白蘿蔔和檸檬酵素可以促進消化功能，
擁有雙重功效。

●材料

白蘿蔔…350g
甜醋
　┌檸檬酵素…1/2杯
　│蘋果醋…1/2杯
　└鹽巴…1小匙
檸檬…1/2個
薑…10g
大蒜…1瓣
薄荷葉…少許

●作法

1　將白蘿蔔削皮，然後切成2mm厚的圓片。
2　將檸檬切成2mm厚的圓片。
3　把薑和大蒜切成薄片。
4　將甜醋的材料混合在一起，並確實攪拌均勻。
5　在步驟 **4** 的甜醋中加入步驟 **1**、**2**、**3** 的食材，醃泡至入味。
6　將食材盛入盤中，最後再以薄荷葉做添飾即可。

＊放入冰箱冷藏約可保存3星期。

★品嚐美味的好方法

把清蒸的雞肉和切絲的蔬菜捲起來，再附上芥末醬，就變成一道有格調的料理。

芥末醬是混合了以下材料所製成。梅子酵素（P.26）1大匙、蘋果酵素1大匙、鹽巴1/4小匙、芥末糊2小匙。

雞腿肉佐杏仁醬

杏花結果後，從裡頭的果核取出來的，就叫做杏仁。

它在中藥上有止咳化痰的效果。

利用檸檬酵素和醋替杏仁醬添加了酸味，非常適合跟雞肉一起吃。

●材料（3人份）

雞腿肉…1片（約300g）

醃料

┌ 鹽巴…少許

│ 胡椒…少許

└ 酒…2小匙

杏仁醬

┌ 檸檬酵素…2大匙

│ 杏仁粉…20g

│ 醋…2大匙

│ 鹽巴…1小匙

└ 芥末糊…1小匙

紅色甜椒…1/2個

黃色甜椒…1/2個

芹菜…1/2根

小黃瓜…1條

枸杞…少許

●作法

1 在雞腿肉上用菜刀劃幾刀，然後用鹽巴、胡椒和酒醃漬約10分鐘左右。

2 將步驟**1**的雞腿肉放入200℃的烤箱中烤15分鐘。

3 將杏仁醬的材料混合在一起，用電動攪拌器攪拌均勻。

4 將紅色甜椒、黃色甜椒、芹菜和小黃瓜切成長5cm、寬2mm。

5 將步驟**2**的雞腿肉切成容易入口的大小，再和步驟**4**的食材一起盛入盤中，最後再以步驟**3**的枸杞添飾即可。

＊如果無法取得杏仁粉，也可以用市售的杏仁豆腐的粉代替。

芹菜和紅蘿蔔的酵素沙拉

檸檬酵素可以稀釋掉芹菜和大蒜獨有的香氣。另外，這是用柳橙汁醃漬而成，
柔軟到可以幫助您吃下大量的蔬菜。

●材料（4人份）

芹菜…1根（莖的部分50g）
紅蘿蔔…2/3根（100g）
柳橙汁（100%果汁）…1/4杯
沙拉醬

　┌ 檸檬酵素…1大匙
　│ 橄欖油…2大匙
　│ 義大利香醋…2大匙
　│ 柳橙汁（100%果汁）
　│ …1大匙
　│ 鹽巴…1/2小匙
　└ 黑胡椒…少許

巴西里（切碎）…適量
葡萄乾…適量
炸洋蔥…適量
杏仁（搗碎的）…適量
義大利巴西里…少許

＊柳橙汁也可以使用新鮮
現榨的柳橙汁。

●作法

1　將紅蘿蔔和芹菜切成5cm長，再泡入柳橙汁中。

2　把沙拉醬的材料混合在一起，然後徹底攪拌均勻。

3　將步驟 **1** 的食材用濾網撈起，然後瀝乾水分，再加入巴西里和葡萄乾混合攪拌。

4　將食材盛入盤中，然後淋上步驟 **2** 的沙拉醬，把炸洋蔥和杏仁當作配菜，最後再添飾義大利巴西里即可。

拔絲地瓜

我在大家最喜歡的拔絲地瓜當中，加了一點檸檬酵素。地瓜和檸檬酵素的風味非常合。
在此也使用了製作檸檬酵素時的檸檬果肉。

●材料（4人份）
地瓜⋯1～2條（約400g）
沙拉油⋯適量
糖料
┌檸檬酵素⋯4大匙
│檸檬果肉※⋯1大匙
│酒⋯1大匙
│鹽巴⋯1/2小匙
│糖水⋯3大匙
└水⋯2大匙
黑芝麻⋯少許

※檸檬的果肉是使用製作檸檬酵素時的果肉。

●作法

1 將地瓜連皮切成寬度2cm的圓塊狀，接著用沙拉油素炸一下。

2 將糖料的所有材料放入平底鍋中，然後把它煮滾。

3 待煮到起泡發出嘖滋嘖滋的聲音時，就把步驟1的炸地瓜放進去，然後把糖水煮到收汁。

4 將地瓜盛入盤中，最後再撒上黑芝麻即可。

義大利水果沙拉加酵素

使用檸檬酵素和白酒調製而成，成年人的賓治酒。
檸檬酵素中的砂糖不僅增添了糖漿的甜味，也讓餘味變得好清爽。請充分地冰涼後再享用。

●材料（1人份）
香蕉…1根
奇異果…1個
蘋果…1個
橘子…1個
藍莓…10顆
糖漿
⌈檸檬酵素…1/4杯
│水…1杯
└白酒…1/2小匙
薄荷葉…少許

●作法

1 在鍋中加入水和白酒後煮滾，藉此將酒精成分揮發掉。

2 個別把香蕉、奇異果、蘋果和橘子剝皮，然後切成一口大小。

3 待步驟1的糖漿放涼至不燙手的程度時，再把檸檬酵素加進去，
接著再把藍莓放進去攪拌。

4 冷卻之後盛入碗中，最後再以薄荷葉添飾即可。

●材料（1人份）
檸檬酵素…2大匙
檸檬果肉※…1大匙
碳酸水…3/4杯再少一點（130ml）
冰塊…適量

※檸檬的果肉是使用製作檸檬酵素
時的果肉。

●作法
1　用碳酸水稀釋檸檬酵素，接著
　　倒入玻璃杯中，最後再把檸檬
　　果肉和冰塊加進去即可。

檸檬酵素

檸檬酵素蘇打

當您覺得有點疲累、胃沉沉的時候，我推薦這一杯作法超簡單的飲料。
檸檬酵素富含維生素C和胺基酸，可以幫助消化，解除您的疲勞。

梅子酵素的製作方法

材料	梅子肉　砂糖（與梅子同等重量）
前置作業	徹底洗淨並擦乾水分，用竹籤將蒂頭挑掉。
醃漬方法	與酵素的製作方法（P.8～P.9）相同。
梅果	待第一次發酵完畢後，可以撈出來運用在果醬裡，或者一直放在裡面也沒關係。

※梅果可以跟酵素液一同享用。使用5月初的青梅製作，可以獲得清脆的口感，若使用6月已經完全成熟的黃色梅子製作的話，則可以品嚐到像果醬般濃稠的好滋味。

梅子酵素

生火腿和桃子的酵素沙拉

幾乎在每個韓國家庭裡，梅子酵素都是常備的萬能調味料。
它廣泛地被運用在料理、泡菜和茶裡。在這道料理當中，
我把新鮮的桃子和甜柿醋混合在一起，成為必備珍藏的沙拉醬。

●材料（4人份）

生火腿…30g
桃子…1/2個
綠葉蔬菜
（皺葉萵苣等沙拉專用的
葉子蔬菜）…100g
紅色甜椒…1/4個
黃色甜椒…1/4個

沙拉醬
```
梅子酵素…2又1/2大匙
桃子…1/2個
甜柿醋※…2又1/2大匙
松仁…1/2大匙
鹽巴…1/2小匙
葡萄籽油…2又1/2大匙
```
松仁…少許
枸杞…少許
葵花籽…少許

●作法

1　將綠葉蔬菜徹底洗淨後泡入冰水裡，把它泡涼。
2　將桃子削皮後切成1.5cm的小丁。
3　將紅色甜椒和黃色甜椒切絲。
4　將沙拉醬的材料混合在一起，然後用電動攪拌器攪拌，接著放進冰箱冷藏。
5　將步驟**1**、**2**、**3**的食材和生火腿盛入冰得冰冰涼涼的盤中，再以松仁作添飾，
　　並把枸杞和葵花籽放在步驟**4**的沙拉醬上，一同附上即可。

＊沙拉醬放入冰箱冷藏約可保存3天。
＊如果沒有甜柿醋，也可以用家裡常用的醋代替。
※甜柿醋是以甜柿的果肉發酵、熟成後的醋，富含維生素和鉀，請挑選良質的甜柿醋。

梅子酵素

鮭魚和芝麻葉的酵素沙拉

使用梅子酵素和甜柿醋調製而成的清爽沙拉醬，
和帶有濃郁口感的鮭魚是超級絕配。

●材料（4人份）
鮭魚（生魚片）…100g
芝麻葉…50g
綠葉蔬菜（嫩菜葉等沙拉用葉子蔬菜）…50g
沙拉醬
  梅子酵素…1大匙
  全熟柿子…1/2個
  甜柿醋…2大匙
  鹽巴…1/2小匙
  檸檬汁…1大匙

●作法
1　將鮭魚切成一口大小的方塊狀。
2　將綠葉蔬菜和芝麻葉徹底洗淨後泡入冰水裡，把它泡涼。
3　將沙拉醬的材料混合在一起，再放進果汁機裡打爛拌勻。
4　把步驟 1 跟 2 的食材盛入冰得冰冰涼涼的盤中，最後再附上步驟 3 的沙拉醬即可。

＊如果沒有甜柿醋，也可以用家裡常用的醋代替。

梅子酵素

烤全蝦加梅子酵素

使用加有梅子酵素的醬汁先幫蝦子調味，再把它烤得酥酥脆脆。香氣芬芳，也很適合拿來當下酒菜。
使用帶頭全蝦成為一道款待賓客的好料理。並添上梅肉當作餐間小菜。

●材料（4人份）
帶頭全蝦…4尾
藥念醬
　梅子酵素…3大匙
　醬油…1又1/2大匙
　薑汁…1小匙
　洋蔥（切泥）…4大匙
　白胡椒…少許
梅肉※…適量

※梅肉是使用製作梅子酵素時（放在裡面）的梅肉。

●作法
1　將蝦子清洗乾淨，然後在蝦子的背部劃一刀，把腸泥挑掉。
2　將藥念醬的材料混合在一起，並確實攪拌均勻。
3　把步驟**2**的藥念醬倒入步驟**1**的蝦子裡，醃泡30分鐘。
4　用燒烤盤烤步驟**3**的蝦子10分鐘。
5　將烤好的蝦子盛入盤中，最後再附上梅肉即可。

油炸海帶芽

炸海帶芽是深受女性歡迎的配茶小菜，
擁有極佳的排毒效果。

●材料
海帶芽乾…30g
沙拉油…適量
砂糖…2大匙
梅子酵素…1又1/2大匙

●作法
1　在鍋內放入沙拉油熱鍋至180℃，然後放入海帶芽乾。讓海帶芽乾浸入油內幾秒，膨脹之後立即撈起來。
2　在平底鍋中放入步驟1的海帶芽乾，然後轉成小火，一邊加熱一邊撒入砂糖。
3　在步驟2淋上梅子酵素後立即熄火。

★下酒也好吃

「胡桃和杏仁的糖菓子」
（P.47）這一道在韓國可是
被稱為配茶與下酒的良伴，
絕對少不了它。

魷魚絲和四季豆
拌美乃滋苦椒醬

使用苦椒醬、美乃滋和梅子酵素，
即可完成一道又麻又辣的下酒菜。
並附上一杯有用檸檬酵素稀釋過的燒酒。

●材料（4人份）
魷魚絲…70g
四季豆…70g
藥念醬
　梅子酵素…1大匙
　醬油…1大匙
　苦椒醬…1大匙
　美乃滋…2大匙
　寡糖…1大匙
白芝麻…少許

●作法
1　將魷魚絲撕碎。
2　在煮沸的熱水當中加入鹽巴（記載份量外／少許），再水煮四季豆，然後斜切。
3　將藥念醬的材料混合攪拌在一起，再拌入步驟1的魷魚絲和步驟2的四季豆，然後盛入盤中，最後再撒上白芝麻即可。

梅子酵素　　味噌

甜辣炒烏賊和豬五花肉

它的韓文發音是「오삼겹불고기（讀音：Onsamupurukogi）」。「오징어（讀音：Ojino）」是烏賊。
「삼겹살（讀音：Samugyopusaru）」則是豬五花肉的意思。
使用加有梅子酵素的甜辣醬完成一道香氣宜人的燒肉（불고기 讀音：Purukogi）。

●材料（4人份）

魷魚…1杯（約200g）
豬五花肉薄片…200g
洋蔥…1/2個
白蔥…1/2根
鴻禧菇…1/2包（100g）
沙拉油…適量
藥念醬
┌梅子酵素…1大匙
│苦椒醬…2大匙
│韓式辣椒粉（中等顆粒）
│　…2大匙
│醬油…2大匙
│砂糖…1/2小匙
│大蒜泥…2/3大匙
│薑泥…1小匙
│酒…1大匙
│橄欖油…1大匙
└胡椒…少許
芝麻油…1大匙
紅辣椒…少許

●作法

1 將藥念醬的材料混合在一起。
2 先將烏賊做好前置處理，然後切開，並用菜刀在內部斜切成格子狀刀痕。
3 豬肉切成一口大小。
4 將步驟 **2** 的烏賊和步驟 **3** 的豬肉分別混入步驟 **1** 的藥念醬裡，然後靜置30分鐘。
5 將洋蔥切成粗絲，白蔥斜切成1cm，鴻禧菇把根部較硬的部分切掉。
6 在平底鍋中塗上一層沙拉油，然後把洋蔥放進入快速拌炒一下後拿出來。平底鍋不用換，直接再放入豬肉拌炒，然後再加入烏賊和鴻禧菇，最後再把洋蔥放進去炒熟。
7 把白蔥加進去，最後再淋上芝麻油。
8 將食材盛入盤中（也可盛入鐵板中），最後再添飾紅辣椒圈即可。

＊若能添加代替沙拉用的生鮮蔬菜或適合跟油分料理一起吃的「橘子水泡菜」（P.65）會更好。

涼拌黃豆芽和新洋蔥

拌好之後靜置10分鐘，讓食材更入味，變得更加好吃。

●材料（4人份）
黃豆芽菜…150g
新洋蔥…1/4個
藥念醬
「梅子酵素…1大匙
 韓式辣椒粉（中等顆粒）
 …1/2大匙
 鹽巴…1/2小匙
 研磨白芝麻…1大匙
 蘋果醋…2大匙
 砂糖…1/2大匙
紅辣椒…1/2根
綠辣椒…1/2根

●作法
1 將黃豆芽菜的根部拿掉，接著把鹽巴（記載份量外／少許）加入煮沸的熱水當中，再把黃豆芽菜放進去汆燙3～4分鐘，不必蓋上鍋蓋。最後再確實瀝乾水分。
2 將新洋蔥切成2mm厚的薄片，然後泡入水中，再確實瀝乾水分。
3 將藥念醬的材料混合在一起，再和步驟1的黃豆芽和步驟2的新洋蔥拌在一起。
4 將食材盛入盤中，最後再撒上切成細末的紅辣椒和綠辣椒即可。

梅子酵素 **烤茄子淋酵素醬**

樹果/雜穀

把帶有甜味的梅子酵素加進醬料中，讓烤茄子有不一樣的嶄新口感。

●材料（4人份）
圓茄（或者長茄）…2條
醬料
「梅子酵素…3大匙
 醬油…2大匙
 芝麻油…1大匙
 薑（切絲）…30g
 生栗子（切絲）…2個
 棗子（切絲）…2個

●作法
1 將圓茄切成1cm厚的圓片（如果是長茄，則縱切），接著在單面用菜刀劃入格子狀的刀痕。
2 將步驟1的圓茄用蒸籠蒸2分鐘（也可以封好保鮮膜，放入微波爐內加熱2分鐘）。
3 先將梅子酵素、醬油和芝麻油煮滾，在把薑、栗子和棗子加進去，然後再煮滾一次。
4 熱好平底鍋（但不加油），接著把步驟2的圓茄放進去快速煎一下，再淋上步驟3的醬料。
5 一旦煮滾立刻從火上移開，然後盛入盤中就完成了。

●材料（4人份）
蕪菁…2個
蕪菁葉子…50g
柿子…1個
鹽巴…少許
沙拉醬
┌ 梅子酵素…1大匙
│ 甜柿醋…2大匙
│ 鹽巴…1小匙
│ 胡椒…少許
│ 橄欖油…1大匙
└ 松仁…15g
枸杞…少許

●作法
1　將蕪菁的莖部切成5mm寬的半
　　月狀，葉子切成1cm長。
2　將柿子剝皮，然後切成長3cm、
　　厚度5mm的長條狀。
3　將步驟1的蕪菁和步驟2的柿子
　　放入調理碗中，接著加入少許鹽
　　巴，慢慢把水倒入，然後靜置
　　10分鐘。
4　將沙拉醬的材料混合在一起，再
　　用電動攪拌器攪拌均勻，然後放
　　進冰箱冷藏。
5　將步驟3的食材瀝乾水分，再和
　　步驟4的沙拉醬拌在一起，然後
　　盛入盤中，最後裝飾上枸杞即
　　可。

＊沙拉醬放入冰箱冷藏可保存1週。
＊甜柿醋，可以用家裡常用的醋代
替。

梅子酵素
樹果/雜穀
蕪菁和柿子的爽口沙拉
沙拉醬也可以運用到其他沙拉當中。

梅子酵素
樹果/雜穀
白蘿蔔和黑芝麻的酵素沙拉
梅子酵素和芝麻的香氣可以促進食慾。

●材料（4人份）
白蘿蔔…200g
紅色甜椒…1/6個
蘋果…1/6個
沙拉醬
┌ 梅子酵素…2大匙
│ 甜柿醋…1大匙
│ 鹽巴…2小匙
│ 研磨黑芝麻…1大匙
└ 胡桃…15g

●作法
1　將白蘿蔔削皮後切成長5cm、寬
　　2mm左右的細絲，紅色甜椒和
　　蘋果也要切成絲。
2　將沙拉醬的材料混合攪拌在一
　　起，再用電動攪拌器攪拌均勻，
　　然後放進冰箱冷藏。
3　將步驟1的食材和步驟2的沙拉
　　醬拌在一起，再盛入冰得冰冰涼
　　涼的盤中即可。

＊沙拉醬放入冰箱冷藏可保存1週。
＊如果沒有甜柿醋，也可以用家裡常
用的醋代替。

●材料
蓮藕…2節（約400g）
醃泡醬汁
　　梅子酵素…1/2杯
　　水…1杯
　　蘋果醋…1杯
　　月桂葉…2片
　　鹽巴…1小匙
紅色甜椒…1/4個
黃色甜椒…1/4個

●作法
1　將蓮藕削皮，然後切成1cm厚的圓片，再放進煮沸的熱水水煮5分鐘左右。
2　將紅色甜椒和黃色甜椒切絲。
3　除了梅子酵素以外，請把其他醃泡醬汁的材料混合在一起，然後放入鍋中煮滾。
4　將梅子酵素加進步驟3的醃泡醬汁裡攪拌一下，再把瀝乾水分的步驟1蓮藕和步驟2的甜椒絲加進去，醃泡1晚。

梅子酵素

梅子酵素醃蓮藕

蓮藕是富含眾多營養素的抗老化食材，請盡量多多攝取。
把梅子酵素加入醃泡醬汁中，讓酸味變溫和。
不僅可以當作沙拉，當還想再多加一道的時候也很適合。

也可以加入生的綠花椰菜一起醃泡。

優酪乳風味梅子酵素

把梅子酵素和牛奶混合在一起，利用梅子的酸味，
調製成一杯帶有黏稠優酪乳風味的飲品。

●材料（2人份）
梅子酵素…3/4杯
牛奶…1杯
梅肉※…2～4個

●作法
1 將梅子酵素和牛奶加在一起，然
　後慢慢地攪拌均勻。
2 倒入玻璃杯中，加入梅肉即可。

※梅肉是使用製作梅子酵素時的梅子果肉。

梅子酵素茶

梅子酵素有促進新陳代謝、提高體溫的效果。
讓您從內而外暖和起來。

●材料（1杯份）
梅子酵素…1/5杯
熱水…3/4杯
梅肉※…1～2個

●作法
1 用熱水把將梅子酵素稀釋掉，
　然後到入玻璃杯中，再加入梅
　肉即可。

※梅肉是使用製作梅子酵素時的梅子果肉。

柿子和紅蘿蔔的酵素冰沙

把梅子酵素跟柿子、紅蘿蔔和蘋果混合在一起，
調成一杯健康冰沙。不敢吃紅蘿蔔的人也沒問題。

●材料（2杯份）
柿子…1個（200g）
紅蘿蔔…1/3根（50g）
蘋果…1/4個
梅子酵素…3大匙
水…4大匙
冰…適量

●做法
1 把柿子、紅蘿蔔和蘋果削皮，然
　後切成一口大小。
2 把梅子酵素和水加在一起，再加
　入步驟1的食材。
3 把步驟2的食材和冰塊放進果汁
　機裡攪拌均勻，最後再倒入玻璃
　杯中即可。

蘋果酵素提高消化能力，讓食慾和美味都倍增！

蘋果酵素的製作方法

材料	蘋果　砂糖（與蘋果同等重量）
前置作業	將蘋果徹底洗淨並擦乾水分，連皮切成1cm左右的半月型。
醃漬方法	請參考酵素的製作方法（P.8～P.9）。
蘋果	等待第一次發酵完畢後，撈出來。可以運用在果醬當中，或者一直放在裡面也可以。

蘋果酵素　味噌

韓式鯛魚生魚片料理

使用蘋果酵素、苦椒醬、蘋果汁和檸檬汁，
做出一道樸實&香辣的義式鯛魚生魚片。
使用干貝或鮪魚等其他魚貝類當材料也很好吃。

●材料（4人份）
鯛魚（生魚片）…200g
洋蔥…1/2個
水芹…1/2束
沙拉醬
「蘋果酵素…2大匙
　苦椒醬…2大匙
　蘋果醋…2大匙
　芥末糊…1小匙
└檸檬汁…1大匙
紅色甜椒…少許
黃色甜椒…少許
鴨兒芹…少許

●做法
1　將鯛魚切成容易入口的大小。
2　將洋蔥切成薄片、水芹切成等長5cm，然後在冰水中泡涼。
3　將沙拉醬的材料加在一起，然後充分地攪拌均勻。
4　先在冰得冰冰涼涼的盤中鋪上已經瀝乾水分的步驟**2**食材，接著把步驟**1**的鯛魚排好，然後把切成圓片的紅色甜椒和黃色甜椒當作配菜，再把沙拉醬倒進去，並添上鴨兒芹。最後在盤子的邊緣擺上切成圓形的紅色甜椒和黃色甜椒就完成了。

手工火腿和黃芥末醬

充分花時間燉煮的豬肉，既樸實又好吃。徹底經過醃漬與時間洗禮的自家製火腿。
帶有蘋果香氣的醬汁，讓「熟成」的滋味更明顯，請好好享受這番風味。

●材料
豬肩肉…500g
鹽巴…10g
鹽麴…10g
香味材料
┌ 月桂葉…3片
│ 迷迭香…20g
│ 義大利巴西里…20g
└ 黑胡椒…適量
芥末醬…適量
起司（米莫雷特）…適量
醃黃瓜…適量
韓國芝麻葉…適量

＊添加韓式芝麻葉，營造出清爽的
風味。

●作法

1　將豬肉用鹽巴和鹽麴搓揉塗滿，再用廚房紙巾包好放
　　入保鮮袋內，然後放入冰箱冷藏1天讓它熟成。

2　將步驟1的豬肉取出，再換一張乾淨的廚房紙巾包
　　好，同樣放進保鮮袋內，然後放入冰箱冷藏1天讓它
　　熟成。

3　這一次將取出的豬肉加入香味材料，同樣再用廚房紙
　　巾包好放入保鮮袋內，然後放入冰箱冷藏3天讓它熟
　　成。

4　將步驟3的豬肉取出，表面用水清洗，再用廚房紙巾
　　擦乾水分。

5　將步驟4的豬肉用保鮮膜包兩層，先放入一個保鮮袋
　　內，再裝入另一個保鮮袋密封好，然後放入煮沸的熱
　　水中。先燉煮30分鐘，然後再翻面同樣燉煮30分
　　鐘，這時的火侯要轉小火，注意不要把它煮滾。

6　燉煮完畢後，把它放入鍋中並蓋上鍋蓋，靜置燜蒸2
　　小時。

7　放入冰箱冰涼，接著切成一口大小後盛入盤中，然後
　　放上起司和醃黃瓜，並附上芥末醬和韓國芝麻葉即
　　可。

＊放入冰箱冷藏約可以保存4～5天。

芥末醬

●材料
蘋果酵素…2大匙
葡萄酒醋…3大匙
橄欖油…3大匙
法式芥末醬…2大匙
鹽巴…1/2小匙
胡椒…少許

●作法
將所有材料混合在一起，
然後確實攪拌均勻即可。

香煎豬五花肉　蘋果和胡桃的酵素沙拉

就是豬五花肉的燒肉。先將豬肉切成厚片，再慢慢地煎烤。
烤得酥脆多汁的豬五花肉非常適合與濃厚的起司搭配享用。
並隨餐附上一份滿是蘋果素材的清爽沙拉。

香煎豬五花肉

●材料（4人份）
豬五花肉（切成1cm厚）…400g
醃料
　鹽巴…適量
　胡椒…適量
　紅酒…1大匙
喜歡的蔬菜…適量
起司（布利乳酪）…適量
檸檬…1個

＊蔬菜可以選擇洋蔥、迷你小番茄、
甜椒和西洋菜等自己喜歡的蔬菜。
起司也可依個人喜好挑選。

●作法
1　把紅酒淋在豬五花肉上，再多灑一點鹽巴和胡椒在上去，然後靜置一會兒。
2　請挑準了脂肪和瘦肉中界線的筋，用力劃一刀，把步驟1的豬五花肉筋切掉。
3　熱好烤盤，把步驟2的豬肉和蔬菜全部放上去，確實將所有食材都烤到金黃微焦。等豬肉烤熟翻面時，再把起司放上去。
4　將豬五花肉切成一口大小，最後再擠上檸檬汁就完成了。

蘋果和胡桃的酵素沙拉

●材料（4人份）
蘋果…1/4個
胡桃（烘烤過的）…1大匙
綠葉蔬菜（嫩菜葉等沙拉專用的葉子蔬菜）…80g
沙拉醬
　蘋果酵素…2大匙
　蘋果（磨泥）…1/4個
　蘋果醋…3大匙
　大蒜（切泥）…1小匙
　鹽巴…1/2小匙
　胡椒…少許
　橄欖油…1大匙

●作法
1　將蘋果切絲。胡桃搗碎。
2　將嫩菜葉洗淨，然後冰涼。
3　將沙拉醬的材料混合在一起，並確實攪拌均勻，然後冰涼。
4　將步驟1的蘋果絲和步驟2的嫩菜葉盛入冰得冰冰涼涼的碗中，最後再淋上步驟3的沙拉醬汁即可。

甜辣炸雞腿肉

把甜辣醬淋在炸雞上，韓文叫做「닭강정（讀音：Takkanjyon）」。
最近很流行把「닭강정」當作配啤酒的小菜。
把蘋果酵素加進甜辣醬裡，就成為一道口感深沉的「닭강정」了。

●材料（4人份）

雞腿肉…300g

醃料
┌ 酒…1大匙
│ 薑汁…1/2小匙
└ 鹽巴…1/2小匙

太白粉…3大匙

麵衣
┌ 麵粉…3大匙
│ 太白粉…3大匙
└ 水…1/2杯

沙拉油…適量

醬汁
┌ 蘋果酵素…2大匙
│ 薑酵素（P.46）…1大匙
│ 苦椒醬…1大匙
│ 韓式辣椒粉（中等顆粒）
│ …1/2大匙
│ 蜂蜜…1大匙
│ 醬油…1大匙
│ 大蒜（切泥）…1小匙
│ 洋蔥（磨泥）…1大匙
│ 芝麻油…1/2大匙
└ 胡椒…少許

白蔥（切絲）…適量
胡桃（搗碎的）…適量

●作法

1 將雞腿肉切成一口大小，再用酒、薑汁和鹽巴醃漬，然後靜置10分鐘左右。

2 把麵衣的材料混合在一起。

3 把太白粉抹在步驟 **1** 的雞腿肉上，再倒入步驟 **2** 的麵衣糊，然後用170℃的油油炸。

4 將醬汁的材料混合在一起後開火，混合攪拌煮到黏稠為止，再把步驟 **3** 的雞腿肉放進去沾裹。

5 裹好後盛入盤中，再撒上白蔥絲與碎胡桃當配料就完成了。

＊如果沒有薑酵素，也可以用3大匙蘋果酵素代替。

烤酵素豬排骨

烤得香噴噴的豬排骨。雖然準備過程要是太耗時就會讓人不想做，
但只要確實掌握好步驟，就可以成為一道必備珍藏的重點料理。
請好好享受蘋果酵素與洋蔥酵素帶來的雙重效果吧！

●材料（4人份）
豬排骨…600g
香味材料
```
月桂葉…2片
胡椒粒…5粒
大蒜…1瓣
洋蔥…1/4個
薑…10g
```
藥念醬
```
蘋果酵素…1大匙
洋蔥酵素（P.12）…1大匙
苦椒醬…2大匙
醬油…2大匙
酒…1大匙
韓式辣椒粉（中等顆粒）
…1/2大匙
大蒜（切泥）…1/2大匙
薑汁…1小匙
鹽巴…1小匙
胡椒…少許
```
義大利巴西里…適量

●作法
1　將豬排骨浸泡在幾乎蓋過整個排骨程度的水裡2小時，藉此除去污血。
2　為了避免豬肉萎縮，請在肉上面劃個2～3刀，再用水汆燙，汆燙過的水請倒掉。
3　待鍋內的熱水煮沸後，就加入香味材料，然後把步驟2的豬排骨放進去燉煮30分鐘。
4　將藥念醬的材料混合在一起，並確實攪拌均勻。
5　把步驟3的豬排骨撈出來，然後放入步驟4的藥念醬裡醃漬一晚。
6　將步驟5的豬排骨放進燒烤盤或平底鍋中煎至金黃微焦。
7　將豬排骨盛入盤中，最後再以義大利巴西里做添飾即可。

甜辣炸香菇

這是一道用香菇取代原本是雞肉的韓國素菜料理，真的很好吃。
醬汁裡加了蘋果酵素和薑酵素。

●材料（4人份）
生鮮香菇…8個
麵衣
「 太白粉…2大匙
　水…4大匙
」糯米粉…2大匙
沙拉油…適量
醬汁
「 蘋果酵素…2大匙
　薑酵素（請參考下方說明）…1大匙
　苦椒醬…1又1/2大匙
　醬油…1/2大匙
　寡糖…2大匙
　酒…1大匙
　韓式辣椒粉（中等顆粒）
　…1大匙
　芝麻油…1/2大匙
」水…2大匙
胡桃（搗碎的）…適量
南瓜籽…適量

●作法

1　將香菇底部較硬的部分切掉，然後切成兩半。

2　將糯米粉加進太白粉水裡，調成麵衣糊，接著把香菇浸泡在麵衣糊裡，再放進170℃的沙拉油裡油炸。

3　在鍋中把醬汁的材料混合在一起，並把它煮滾。

4　把步驟2的香菇和步驟3的醬汁拌在一起。

5　將香菇盛入盤中，最後再撒上胡桃和南瓜籽即可。

薑酵素的製作方法

材料	薑　砂糖（與薑同等重量）
前置作業	將薑清洗乾淨後瀝乾水分，然後切成細末。
醃漬方法	用砂糖醃泡1～2天，出水後放入果汁機中攪拌，然後倒入保存容器中發酵。與酵素的做法（P.8～P.9）相同。
薑	可運用在茶或料理中。

也來做桃子酵素吧！

桃子的產季很短，但它那種淡淡的溫和口感，吃起來別有一番風味。

桃子酵素的製作方法

材料	桃子　砂糖（與桃子同等重量）
前置作業	將桃子徹底洗淨並擦乾水分，然後切成薄片。連種籽也一起醃泡。
醃漬方法	請參考酵素的製作方法（P.8～P.9）等待第一次發酵完畢後，撈出來。可以運用在果醬中。

桃子酵素

桃子酵素冰沙

結合了桃子酵素、
牛奶和蘋果醋的冰沙風飲料。

●材料
桃子…1個
桃子酵素…3大匙
牛奶…1/2杯
蘋果醋…2大匙
冰…適量

●作法
1　將桃子的皮剝掉，然後切成一口大小。
2　將全部的材料混合在一起，然後用果汁機攪拌均勻。
3　倒入玻璃杯中，然後加入冰塊，最後用桃子（記載份量外）裝飾在杯緣即可。

蘋果酵素　味噌　樹果/雜穀

胡桃和杏仁的糖菓子

「강정（讀音：Kanjyon）」是指淋上糖漿的料理。
堅果的香氣造就一道美味的小菜。
不論是配茶或當作下酒菜都是絕佳的良伴。

●材料
胡桃・杏仁
…（合計）150g
水…1杯
苦椒醬…2大匙
醬油…1大匙
蜂蜜…1大匙
蘋果酵素…1大匙
芝麻油…1大匙
研磨芝麻…1大匙

●作法
1　將胡桃和杏仁放入煮沸的熱水中汆燙，汆燙過的水倒掉不使用。
2　將步驟1的食材放入鍋中，再加入水、苦椒醬和醬油後煮滾。
3　轉成中火，煮到水分收乾。
4　等水分快要收乾的時候，再加入蜂蜜、蘋果酵素、芝麻油和研磨芝麻，請注意不要煮焦，持續加熱到食材出現可口的光澤為止。

使用洋蔥酵素 讓料理變得更好吃！
活用韓國水梨醃烤調味醬的 美 味健康食譜

到目前為止，我們介紹了許多使用酵素液的料理。而從本頁開始到第57頁，我們即將要介紹的料理，則是活用了洋蔥酵素的「韓國水梨醃烤調味醬」。「韓國水梨醃烤調味醬」是一款萬用的美味醬油，不但可以當作燒肉的醬汁，拌炒、燉煮、醃漬，什麼都難不倒它。
雖然它是以醬油和砂糖、香味蔬菜或辛香料以及水果調製而成，但我們這裡不使用砂糖，而是改用洋蔥酵素代替，就可調配出口感溫和又好吃的「韓國水梨醃烤調味醬」。幫助料理的味道更加深沉美味，還能達到低鹽的效果。

韓國水梨醃烤調味醬的製作方法

材料

水…1又1/2杯	白蔥（綠色部分）…1/2根
綠茶…4g	蘋果…1/4個
酒…1/2杯	大蒜…25g
昆布（5cmX5cm）…1片	鷹爪辣椒…2根
薑…10g	胡椒粒…10粒
濃口醬油…2又1/2杯	洋蔥酵素（P.12）
乾香菇…3朵	…2又1/4杯

作法

1 把綠茶放入茶包中。薑要削皮，蘋果要連皮切成5mm的薄片。乾香菇不用泡軟，直接使用即可。
2 取一鍋將水煮沸，接著把綠茶包放進去，煮到水減少到約2/3（1杯）。
3 除了洋蔥酵素以外，把其他所有材料都放進步驟**2**的鍋中，然後把它煮滾。
4 煮滾後立刻轉小火，再熬煮20分鐘，熄火後，再把洋蔥酵素加進去。
5 靜置一個晚上，過濾後倒入乾淨的瓶子裡。

＊放入冰箱冷藏約可以保存2個月。

製作流程

熬煮綠茶	除了洋蔥酵素以外，把其他所有材料都放進去熬煮	熄火後，再把洋蔥酵素加進去	靜置一晚後過濾
綠茶有防腐功能。	乾香菇不用泡軟，直接使用即可。	洋蔥酵素加進去後，不必再加熱。	移入保存容器，放冰箱冷藏。

香煎比目魚

這是一道樸實的料理，它的重點在於醬料。在韓國的萬用調味料·韓國水梨醃烤調味醬裡加入葡萄酒醋，搖身一變成為西洋風味的醬料，好高級的滋味。

●材料（1～2人份）
比目魚（將魚肉與魚骨分成3塊）…一塊約150g
醃料
　鹽巴…少許
　胡椒…少許
麵粉…1大匙
橄欖油…1大匙
醬料
　韓國水梨醃烤調味醬…3大匙
　葡萄酒醋…1大匙
　芝麻油…1/2小匙
　大蒜（切泥）…1/2小匙
白蔥…適量
迷你小番茄…適量
細香蔥…少許

●做法
1　把鹽巴和胡椒撒在比目魚上，然後靜置10分鐘。
2　將醬料的材料混合在一起，然後開火煮滾。
3　把白蔥切成白蔥絲，再把迷你小番茄切花裝飾用。
4　熱好平底鍋並塗上一層橄欖油，然後把麵粉撒在步驟 1 的比目魚上，把兩面都煎熟。
5　把煎好的比目魚盛入盤中，接著淋上步驟 2 的醬料，然後附上步驟 3 的小番茄，最後以細香蔥作添飾即可。

韓國水梨醃烤調味醬　洋蔥酵素

燒烤豬肩肉　洋蔥沙拉　芥末醬

這是一道把豬肉烤過而已的樸實料理，把洋蔥酵素加進韓國水梨醃烤調味醬裡，
醬汁的香氣讓料理吃起來更有滋味。在配料上，使用了大量的洋蔥沙拉。
韓國的肉類料理一定都會附上生洋蔥當配料。再利用芥末醬緩和肉類的油膩，也能幫助消化。

●材料（4人份）
豬肩肉（厚度1.5cm）…500g
啤酒…1杯
鹽巴…適量
胡椒…適量
醃泡醬汁
┌ 韓國水梨醃烤調味醬…3/5杯
│ 洋蔥酵素（P.12）…3大匙
│ 芝麻油…2大匙
│ 大蒜（切泥）…1大匙
│ 薑汁…2小匙
└ 鷹爪辣椒…2根
芥末醬
┌ 醬油…1大匙
│ 檸檬汁…1大匙
│ 芥末…1小匙
│ 醋…1/2大匙
└ 水…2大匙
紫色洋蔥…1個
迷迭香…1枝

●作法
1　把豬肉排在調理盤上，然後淋上啤酒，醃泡1小時。
2　把醃泡醬汁的材料混合在一起，並且確實地攪拌均勻。
3　把步驟 1 的豬肉取出，然後撒上多一點鹽巴和胡椒，再泡入步驟 2 的醃泡醬汁，並放進冰箱冷藏一晚（也可以把豬肉和醃泡醬汁放進保鮮袋裡醃泡）。
4　把步驟 3 的豬肉取出，接著用燒烤盤烤15分鐘，然後翻面再烤10分鐘。
5　將芥末醬的材料混合在一起，並且確實地攪拌均勻。
6　將紫色洋蔥切絲，然後泡入水中。
7　將步驟 4 的豬肉切成容易入口的大小，再跟步驟 6 的紫色洋蔥一起盛入盤中，然後以迷迭香做添飾，最後再附上步驟 5 的芥末醬即可。

紅茶豬肉

把酵素液用在肉類或魚類料理上的話，酵素會分解蛋白質，轉變成美味成分的胺基酸，並且也有讓肉質變軟的效果。韓國水梨醃烤調味醬與黑醋的組合，好吃得令人上癮。

●材料

豬肩肉…500g
紅茶（茶包）…2包
月桂葉…2片
八角…1個
韓式醃烤水梨醬汁
┌韓國水梨醃烤調味醬…1杯
│黑醋…1/4杯
└大蒜（切片）…1瓣
白蔥絲沙拉
┌白蔥…100g
│芝麻油…1大匙
│鹽巴…1/2小匙
└韓式辣椒粉（中等顆粒）…1小匙
萵苣…10片
醬料（比例）
┌韓式醃烤水梨醬汁（醃肉用的）…2
└美乃滋…1

●作法

1 在鍋中注入可以蓋過豬肉的水量，然後將它煮沸，接著再放入紅茶、月桂葉、八角和豬肉，然後開中火燉煮40分鐘。熄火後蓋上鍋蓋，然後靜置放涼至不燙手的程度。

2 把韓式醃烤水梨醬汁的材料放入保鮮袋中混合在一起，再把步驟 1 的豬肉放進去，並確實地密封好，然後放進冰箱冷藏一個晚上。

3 把白蔥順著纖維切成白蔥絲，然後跟芝麻油、鹽巴和辣椒粉混合在一起做成沙拉。

4 將萵苣洗淨，然後盛入盤中。

5 將步驟 2 的豬肉拿出來，然後切成容易入口的大小，再跟步驟 3 的沙拉一同放入鋪有步驟 4 萵苣的盤中。

6 把醃泡過步驟 2 豬肉的韓式醃烤水梨醬汁跟美乃滋混合在一起，作為醬料附上即可。

韓式米披薩

小朋友最喜歡的一道料理。把多出來的米飯捏成飯糰，接著放進冰箱冷凍，
利用這道韓國燒烤米披薩大放異彩，擄獲眾人的心。

●材料（4人份）

十穀米飯（也可使用白米飯）…400g

太白粉水

[
太白粉…1大匙
水…1大匙
]

牛肉（牛碎肉）…150g

醃料

[
酒…1大匙
梨子（磨成泥）…1大匙
]

洋蔥…2/5個（80g）

米披薩的調味料

[
韓國水梨醃烤調味醬…4大匙
芝麻油…1大匙
研磨芝麻…1大匙
胡椒…少許
]

菠菜…40g

迷你小番茄…2個

起司（片狀可溶起司）…2片

番茄醬…2大匙

沙拉油…適量

●作法

1　將十穀飯用保鮮膜包起來，然後壓成扁平的飯糰狀（像水煎包的形狀）。

2　熱好平底鍋（但不加油）。把步驟 **1** 的飯糰放進去，煎至兩面金黃微焦。請注意這個時候為了避免飯糰煎散掉，請一邊塗上太白粉水一邊煎烤。

3　將牛肉切成容易入口的大小，接著淋上酒和梨子泥浸泡15分鐘，再將水分擦乾。

4　在平底鍋中加入沙拉油熱鍋，接著拌炒步驟 **3** 的牛肉，然後加進切片的洋蔥混合拌炒，再用米披薩的調味料調味。

5　菠菜水煮並瀝乾水分。迷你小番茄要切片。

6　把步驟 **2** 的米披薩放在平底鍋內排好，在表面塗上韓國水梨醃烤調味醬（記載份量外／1個米飯糰塗上1/2大匙的韓國水梨醃烤調味醬）。

7　把步驟 **4** 的米披薩調味料、撕碎的起司、步驟 **5** 的菠菜和迷你小番茄放在步驟 **6** 的米披薩上，然後蓋上鍋蓋轉小火烤到起司融化。

8　熄火後淋上番茄醬，然後再盛入盤中就完成了。

＊即使只有米披薩（作法 **3** 和 **4**），也是一道美味的料理。

韓國芝麻葉泡菜

韓國芝麻葉富含維生素A、C和鐵質。負責將新鮮的氧氣輸送到腦部的血紅素，就是需要這種鐵質。
對正值發育期的小朋友或年長者是非常棒的食材。不妨在早餐時段來一道韓國芝麻葉泡菜，您覺得如何呢？

●材料
韓國芝麻葉…40片
醬汁
┌ 水…3大匙
│ 韓國水梨醃烤調味醬…3大匙
│ 醬油…1大匙
│ 洋蔥（切泥）…2大匙
│ 紅蘿蔔（切泥）…1大匙
│ 綠辣椒（切泥）…1/2根
│ 韓式辣椒粉（中等顆粒）…1小匙
└ 研磨芝麻…1小匙

●作法
1 在鍋內放入水、韓國水梨醃烤調味醬和醬油，然後把它煮滾。
2 在步驟1的鍋中加入洋蔥、紅蘿蔔和綠辣椒，再把辣椒粉和研磨芝麻加進去煮滾。
3 將韓國芝麻葉洗淨，再擦乾水分。
4 用湯匙勺起步驟2的醬汁，然後塗到步驟3的芝麻葉，一邊塗一邊把葉片疊上去。每份各疊10片，總共可以疊成4份，這4份就可以均等地把平底鍋的面積分成4等份。
5 等醬汁塗完以後，把疊好的芝麻葉放入平底鍋中，然後把它煮滾。待芝麻葉出水且有些煮軟後，隨即從火上移開（煮太熟的話，葉子會變硬）。
6 把芝麻葉盛入碗中，然後放進冰箱冷藏。

＊放入冰箱冷藏約可以保存2星期。可能會有點酸味，不過這也是美味之一。

★品嚐美味的好方法

早餐可以來碗海瓜子加韭菜的清湯，再和韓國海苔和納豆泡菜一起享用。
納豆泡菜是用切碎的泡菜、納豆、研磨芝麻和芝麻油混合攪拌製成。
在韓國，日本的納豆也被視為健康食材而備受關注。

韓國水梨醃烤調味醬 洋蔥酵素

營養魠魠魚丸

魠魠魚通常都是用煎的，但這種調理方式也很好吃喔！
把魚肉鬆開，再跟五顏六色的蔬菜混在一起做成丸子，很適合放在便當裡。

●材料（4人份）

魠魠魚（魚肉與魚骨分成3塊）
…1塊（約200g）

醃料
┌ 酒…1大匙
│ 鹽巴…少許
└ 胡椒…少許

紅色甜椒…1/6個
黃色甜椒…1/6個
洋蔥…1/4個
白蔥…3cm
韭菜…2根

藥念醬
┌ 洋蔥酵素（P.12）…1大匙
│ 鹽巴…1/2小匙
└ 薑汁…1/2大匙

蛋液…2大匙
太白粉…1大匙
韓國水梨醃烤調味醬…3大匙
青蔥…適量
白芝麻…適量
薄荷葉…少許
沙拉油…適量

●作法

1 用醃料醃泡魠魠魚10分鐘，然後封上保鮮膜，放進微波爐加熱4～5分鐘。

2 將紅色甜椒、黃色甜椒、洋蔥、青蔥分別切成細末。

3 待步驟 **1** 的魠魠魚放涼至不燙手的程度時，再把魚皮剝掉，然後鬆開肉身。

4 在步驟 **3** 的魠魠魚裡加入藥念醬、蛋液和太白粉，然後搓成直徑3cm的丸子狀。

5 在平底鍋中塗上一層沙拉油，將步驟 **4** 的魠魠魚丸以一邊滾動一邊煎烤的方式，煎至金黃微焦，然後隨即加入韓國水梨醃烤調味醬，幫魠魠魚丸增添可口的光澤。

6 將魠魠魚丸盛入盤中，再用切成細末的紅色甜椒（記載份量外／適量）、青蔥蔥花和白芝麻做裝飾，最後再添上薄荷葉就完成了。

為了讓料理變得更好吃，我所注重的各種細節

做料理的時候，我有許多注重的細節，
在此，我將平常所做的程序做了彙整。

1 攪拌的時候一定用手仔細地攪拌

在韓國料理當中，攪拌是經常會用到的調理方式。親手攪拌的好處是可以直接感受到攪拌的程度，讓食物變得更加好吃。

2 醃料要徹底醃泡均勻

不論是調味料、辛香料還是佐料，都統稱為藥念。把藥念拌入食材當中時，不要著急，而是仔細地、均勻地用心攪拌。

3 使用日曬法激發食材的味道

蔬菜或魚類等食材，用日曬法將其晾乾，可將食材的味道和香氣濃縮在一起，讓該食材獨有的「本味」更加鮮明。也讓高湯或調味料吸收得更好。

4 靜心看顧，等待熟成

當然也會有什麼都不用做，只要靜靜等待即可的時候。發酵食品就是這樣。感受醃泡的能量、時間的能量，珍惜這種在旁邊看顧著的時間。

5 醃漬過後，食物的口感會變得既醇厚又溫和

雖然醃菜和沙拉的差別只差在有無醃漬，但在料理上完全是不同的東西。如果想要擁有洗練一點的滋味，請選擇醃漬的方法。

6 多費點功夫，讓味道更加深沉

雖然迅速完成一道料理的調理法也很重要，但是，基本上我還是想要多費點功夫好好地完成一道料理。這就是讓味道變得更加深沉的重點。

7 大量使用蔬菜

我非常喜歡蔬菜，因此每一餐都有大量的蔬菜。新鮮的蔬菜不僅含有酵素，還有可以調整身體機能的維生素類，更富含膳食纖維。

8 挑選能讓身體變得健康的食材

在韓國，飲食被認為是藥食同源。每天的餐點就跟食藥一樣。因此食材的挑選才會如此重要。我也有使用玄米、十穀米和樹果等食材。

9 將發酵的能量運用在料理當中

我已經養成使用發酵食品做料理的習慣。一旦入口，彷彿就可以感受到為何發酵食品會從古時延續到現代的理由。

10 費心調味讓料理更好吃

根據調味或藥念的調配方式，可以改變一道料理的風貌。什麼樣的味道，要以什麼香氣和風味做搭配才會好吃？不斷反覆地試作已經成為我每天的功課。

11 色彩也很重要

顏色會影響食慾。特別是蔬菜的綠色更顯得重要。我們會從顏色去想像食物的味道，連帶增進食慾。我希望也能將色彩帶入料理當中。

12 漂亮地完成

與色彩一樣，擺盤的方式也是關鍵。我希望不管是哪一種料理，都能漂亮地完成。

chapter 2

NEW風格韓式料理陸續上桌！

發酵食譜料理

在日本，有醬油和納豆等發酵食品，在韓國當然也會有自古以來被大家所愛戴的發酵食品。在此，我向各位介紹活用韓國發酵食品的嶄新料理，它不僅對身體有益處，而且還很好吃，也很適合當作下酒菜。

何謂**發酵**？

食材藉由發酵菌（微生物或菌類等）而產生化學變化，就變成了擁有全新香氣和滋味的發酵食品。

對**身體**的**功效**是？

除了擁有獨特的風味之外，食材本身所含有的營養素也會產生變化，進而新增別種營養價值，獲得促進消化、活化新陳代謝等對身體有益的功效。

發酵食品的代表·**泡菜的功效**是？

- 直接對免疫細胞產生功效，提升免疫力。
- 製造鳥氨酸（胺基酸），幫助恢復疲勞。
- 活性乳酸菌與膳食纖維幫助維持腸道乾淨，提升免疫力。
- 辣椒含有的辣椒素以及薑的薑辣素，可以溫熱身體、提高代謝力。

■ 本章節所介紹的**發酵食品**

泡菜
通常是使用鹽巴和辣椒醃漬而成。在本書當中，也會介紹活用發酵的益處，符合現代口感的快樂創作泡菜。

醬菜
使用醬油或味噌以及醋醃漬而成。可以長時間醃漬發酵，或者當作沙拉也很好吃。

味噌
韓國味噌和日本味噌雖然同屬發酵食品，但差別在韓國味噌必須要煮滾之後才好吃。相信大家對辣椒味噌「苦椒醬」已經很熟悉了吧！

泡菜

芹菜泡菜

即刻就可上桌的泡菜料理。和白菜泡菜一樣,都是使用藥念醬醃製而成,
若有多出來的藥念醬,迅速就可完成。

●材料
芹菜(莖的部分)…2根(300g)
白菜泡菜的藥念醬(P.63)…3大匙
鹽巴…1/2小匙

●做法
1 將芹菜的筋挑掉,然後斜切成3cm長。
2 把鹽巴撒在步驟1的芹菜上,然後靜置20～30分鐘。
3 將水分擦乾,然後再把白菜泡菜的藥念醬混合在一起。

＊醃漬當天即可享用。
＊放入冰箱冷藏約可以保存2星期。

memo

泡菜

泡菜是先用鹽巴醃泡過後,再用藥念醬醃漬發酵而成。
根據使用的材料和蔬菜的種類,製作方式會有所不同,下圖所示範的是最簡潔的流程。

製作流程

先用鹽巴醃泡蔬菜	→	用泡菜藥念醃泡 ★1	→	保存 ★2

（幾分鐘～幾小時）

★1 用鹽巴醃泡時就可製作泡菜藥念。
★2 通常做好就會吃掉,如需保存請放進冰箱冷藏。

泡菜 加入鮑魚的白菜泡菜

使用了鮑魚的奢華泡菜。通常是把粉加入藥念醬中拌成「糊狀」，但我是用和風醬汁
作為基底，因此吃起來的感覺會比較溫和，也比較容易接受。

＊照片以鮑魚、葵花籽、松仁、枸杞、棗子、芽蔥做裝飾。

加入鮑魚的白菜泡菜

●材料
白菜…1/4株（約600g）
醃泡用鹽水
「水…2杯
└粗鹽…50g
泡菜藥念
「白菜泡菜的藥念
「醬汁
「柴魚片…10g
昆布（5cmX5cm）…1片
水…1又1/4杯
櫻花蝦…10g
└砂糖…2大匙
藥念醬
「大蒜…30g
薑…10g
蘋果…30g
韓式辣椒粉（中等顆粒）…50g
鰻魚魚露…2小匙
鹽巴…2～3小匙
└糖水…2大匙
鮑魚（可生吃的）…1個
白蘿蔔…80g
└青蔥（或者是芹菜、韭菜）…20g

●作法
1. 為了能讓鹽巴滲透白菜，請把軸根附近較硬的部分切掉。接著放進保鮮袋中，加入醃泡用鹽水，然後靜置4～6小時。
2. 把步驟 **1** 的白菜放在水龍頭底下清洗乾淨，然後徹底瀝乾水分後放置1小時。
3. 製作高湯。把昆布加入水中後開火，煮沸後加入柴魚片並熄火。靜置一會兒後把它過濾起來，然後加入櫻花蝦和砂糖混合攪拌在一起，再自然放涼至不燙手的程度。
4. 把大蒜、薑和蘋果放進果汁機中。為了能讓果汁機攪拌得更順暢，請一邊慢慢倒入步驟 **3** 的高湯。順便也將藥念剩餘的材料加進去攪拌。接著靜置一晚讓它熟成入味，會變得更好吃。
5. 將鮑魚清洗乾淨，然後將鮑魚肉取出，用鹽巴（記載份量外）搓洗後沖乾淨，劃入幾刀切痕後，切成薄片。白蘿蔔切成厚2mm、長5cm的細絲，青蔥則切成3cm長。
6. 把步驟 **5** 的食材加入步驟 **4** 的高湯，混合攪拌製成泡菜藥念。
7. 準備一個乾淨的容器，在最底層鋪上步驟 **6** 的泡菜藥念，接著把步驟 **2** 的白菜放進去排好，然後再塗上一層泡菜藥念。以一層白菜、一層泡菜藥念的方式，像疊千層派一樣層層堆疊。
8. 為了隔絕空氣，疊好之後請蓋上蓋子，在室溫（20℃）下靜置半日，然後放進冰箱冷藏。

＊經過2～3天熟成之後的最好吃。
＊放入冰箱冷藏約可以保存2星期。
＊保存期限為參考數值。請自行決定最佳風味的享用時段。
＊泡菜的酸味會逐漸慢慢增強，這代表乳酸正在進行發酵，並非腐壞。

泡菜　梅子酵素

蓮藕泡菜

在韓國，蓮藕自古以來都被認為是抗老化食材而備受關注。
維生素C可以防止黑色素沉澱、強化血管，
並且能活化皮膚的新陳代謝力。

●材料
蓮藕…300g
泡菜藥念醬
「白菜泡菜的藥念醬（請參考左欄）
…3大匙
梅子酵素（P.26）…1大匙
└鰻魚魚露※…1大匙
研磨白芝麻…少許

※鰻魚魚露是用鰻魚發酵製作的韓國魚露。也可以用日本的魚露代替。

●作法
1. 將蓮藕的皮削掉，然後切成厚1cm的圓片。
2. 在煮沸的熱水中加入鹽巴（記載份量外／少許），接著把步驟 **1** 的蓮藕放進去水煮5分鐘，再撈起將水分擦乾。
3. 將泡菜藥念醬的材料混合在一起。
4. 移入保存容器中，然後放進冰箱冷藏。要吃的時候再撒上一點芝麻即可。

＊醃漬當天即可享用。
＊放入冰箱冷藏約可以保存2星期。

●材料

白蘿蔔…1根（約2kg）

醃料

- 粗鹽…2大匙
- 砂糖…2大匙

韓式辣椒粉（中等顆粒）
…1～3大匙

泡菜藥念醬

- 有糖優酪乳…60g
- 白飯（也可以使用冷飯）
  …1大匙
- 鹽巴…1大匙
- 砂糖…1大匙
- 蝦醬…2大匙
- 鯷魚魚露…2大匙
- 大蒜…50g
- 薑…20g
- 洋蔥…1/8個
- 梨…1/8個

研磨黑芝麻…少許

●作法

1　將白蘿蔔連皮切成2cm厚的方塊狀，然後放入保鮮袋中。接著加入醃料用的粗鹽和砂糖，靜置1小時。

2　將步驟**1**的白蘿蔔確實瀝乾水分（但不沖洗），再加入辣椒粉染色。辣椒粉的份量大概為1～3大匙，請一邊觀察色況一邊做調整。

3　將泡菜藥念醬的材料混合在一起，然後放入果汁機中攪拌。

4　將步驟**2**的白蘿蔔和步驟**3**的泡菜藥念醬混合在一起。

5　移入保存容器後，放進冰箱冷藏。要吃的時候再撒上一點芝麻即可。

＊醃漬當天即可享用。

＊放入冰箱冷藏約可以保存2星期。

泡菜

加入優酪乳的白蘿蔔泡菜

「깍두기（讀音：Kakuteki）」是指切成方塊狀的白蘿蔔泡菜。
在裡頭加入優酪乳，即使沒有熟成也能攝取到乳酸菌。
加入優酪乳後味道變溫和，不敢吃酸泡菜的人可以嘗試這種吃法。

橘子水泡菜

口感清爽的水泡菜，最適合跟油膩的肉類料理一起吃。請把它當作燒肉或炒肉料理的副菜一同享用吧！
做好當天立即享用的話，吃起來像沙拉，也可放進冰箱冷藏，享受發酵過後的滋味！

●材料（4人份）

白菜…300g

醃泡用鹽水
┌ 粗鹽…25g
└ 水…1杯

白蘿蔔…100g

醃泡用
┌ 粗鹽…1小匙

佐料
┌ 紅辣椒…10g
│ 棗子…1個
│ 大蒜…10g
│ 薑…10g
│ 芹菜…10g
│ 枸杞…3g
└ 松仁…8粒

水泡菜湯汁
┌ 水…1又1/4杯
│ 柳橙汁（100%果汁）
│ …1/2杯
│ 鹽巴…1大匙
└ 砂糖…1大匙

＊柳橙汁也可以使用從新鮮柳橙現榨的果汁。

●作法

1. 將白菜切成2cm小丁，然後放進保鮮袋中，再加入粗鹽和水，鹽漬約2～3個小時。

2. 將步驟 **1** 的白菜放在水龍頭底下沖洗乾淨，再確實地瀝乾水分。

3. 先將白蘿蔔切成2cm小丁，再切成2mm的薄片。然後撒上粗鹽，鹽漬約1小時。

4. 將步驟 **3** 的白蘿蔔清洗乾淨，再確實瀝乾水分。

5. 將紅辣椒、棗子、大蒜、薑和芹菜切成等長2cm的細絲，再和枸杞、松仁拌在一起。
   ※照片中的紅辣椒有切成花型。

6. 將水泡菜湯汁的材料混合在一起。

7. 在步驟 **6** 的水泡菜湯裡加入步驟 **2** 的白菜、步驟 **4** 的白蘿蔔和步驟 **5** 的食材，最後再放入冰箱冷藏即可。

＊醃漬當天即可享用。
＊放入冰箱冷藏約可保存2星期。

memo

水泡菜

製作湯汁（醃泡湯汁），將佐料和蔬菜放入浸泡。發酵時，在湯裡會產生乳酸菌，以營養層面來講，湯汁可說是最重要的主角。在這裡可以再多一道手續，就是把湯汁過濾，喝起來的口感會更好。

製作流程

先備好所需蔬菜
↓
製作水泡菜湯
↓
自然放涼至不燙手
↓
醃泡蔬菜

番茄水泡菜

這道水泡菜,是我相當喜歡的自創泡菜,經過不斷試做最終才順利完成的料理。
建議大家可以把它當作麵或冷麵的配菜。請冰過後再享用。

●材料

番茄(大顆)…4個
醃泡用鹽水
[水…1杯
  粗鹽…1大匙]
白蘿蔔…120g
薑…10g
白蘿蔔和薑用的調味料
[鹽巴…1小匙
  砂糖…1小匙]

水泡菜湯
[水…1又3/4杯
  在來米粉…10g
  韓式辣椒粉(中等顆粒)…10g
  大蒜…5g
  薑…10g
  鹽巴…1~2小匙
  甜柿醋…2小匙]
紅辣椒…少許
蒔蘿…少許

●做法

1　在番茄上用菜刀劃入十字刀痕,再用醃泡用的鹽水鹽漬約1小時。
2　將白蘿蔔和薑切成長3cm、寬1mm的細絲,再加入白蘿蔔和薑用的調味料泡軟。
3　製作水泡菜湯。在鍋中加入水和在來米粉,請確實地攪拌均勻,不要讓它產生結塊,然後開火煮至滾。
4　從火上移開,放涼至不燙手的程度,再用放進茶包裡的辣椒粉調色。
5　將大蒜和薑切成薄片,加入步驟4的水泡菜湯中,再用鹽巴和甜柿醋調味。
6　步驟1的番茄,上面的十字刀痕泡開了之後就把水分擦乾,然後在裂縫裡填滿步驟2的食材。
7　把步驟6的番茄放入容器中,然後撈起步驟5裡的大蒜和薑片後,把湯汁淋上去,再放進冰箱冷藏。要吃的時候再添上紅辣椒圓片和蒔蘿做裝飾即可。

＊醃漬當天即可享用。
＊放入冰箱冷藏約可以保存2星期。
＊如果沒有甜柿醋,也可以用家裡常用的醋代替。

迷你小番茄水泡菜

番茄富含茄紅素和 β-胡蘿蔔素。這兩種營養素都具有抑制老化的抗氧化效果，
並且也能讓身體保持年輕有活力，是非常重要的營養素。

●材料

迷你小番茄…12個

水泡菜湯

> 水…1杯
> 在來米粉…1小匙
> 白菜泡菜的藥念（P.63）…2大匙
> 鹽巴…1小匙
> 砂糖…1/2大匙
> 梅子酵素（P.26）…1大匙

細香蔥…1根

松仁…適量

●作法

1　用竹籤在小番茄上面刺3、4個洞。

2　製作水泡菜湯。在鍋中加入水和在來米粉，請確實地攪拌均勻，不要讓它產生結塊，然後開火煮至滾。

3　從火上移開，放涼至不燙手的程度，再加入白菜泡菜的藥念、鹽巴、砂糖和梅子酵素。

4　在容器裡放入步驟 1 的小番茄，然後倒入步驟 3 的水泡菜湯，再放進冰箱冷藏一晚。要吃的時候再撒上細香蔥花和松仁即可。

＊醃漬隔天才可享用。
＊放入冰箱冷藏約可以保存1星期。

綜合水果水泡菜

使用新鮮水果當材料的清爽水泡菜。除了水果之外,湯汁(醃泡湯汁)也令人期待。
在肉類料理或主餐後端出來,換個清淡的口味也不錯。

●材料
梨子…50g
桃子…50g
蘋果…50g
瓜類(或白蘿蔔)…50g
芹菜(莖的部分)…20g
佐料
┌ 大蒜…5g
│ 薑…5g
│ 棗子…1個
└ 枸杞…10顆
水泡菜湯
┌ 水…2又1/2杯
│ 甜菜…20g
│ 鹽巴…1大匙
└ 砂糖…1大匙

＊以白蘿蔔代替瓜類時,請選用「心裡美蘿蔔」等紅芯蘿蔔,會比較漂亮。也可以如照片所示,全混在一起使用。
＊如果沒有甜菜,也可以用草莓或五味子等擁有天然紅色素的食材代替。

●作法
1 將所有水果和瓜類切成厚3mm的扇狀。
2 芹菜的莖部切成2cm長。
3 將大蒜、薑和棗子都切成等長2cm的細絲,再和枸杞拌在一起。
4 製作水泡菜湯。將甜菜磨成泥,然後放進茶包過濾。把水加入鍋中煮沸,再依個人喜好慢慢將甜菜汁滴入沸水中調色,再加入鹽巴和砂糖混合攪拌均勻。
5 待步驟4的水泡菜湯放涼至不燙手的程度時,再把步驟1、2、3的食材加進去,最後再放進冰箱冷藏即可。

＊醃漬當天即可享用。
＊放入冰箱冷藏約可以保存1星期。

韓式地瓜泡菜煎餅

大家最喜歡的韓式煎餅。
即使冷掉也很好吃,因此可以多做一點。
裡頭用了大量的地瓜,吃起來口感很鬆軟喔!

●材料(4人份)
地瓜(大)…2根(約500g)
白菜泡菜…150g
煎糯米粉…150g
雞蛋…1個
水…1杯
鹽巴…1小匙
葡萄籽油…適量
義大利巴西里…少許

●作法
1 把地瓜放進微波爐蒸4～5分鐘,然後連皮一起搗碎。
2 將白菜泡菜切成粗末。
3 把雞蛋、水和鹽巴加進煎糯米粉裡,再用切的方式做攪拌。
4 把步驟**1**的地瓜和步驟**2**的白菜泡菜加進步驟**3**中混合攪拌。
5 熱好平底鍋,並在裡面塗多一點葡萄籽油,等油熱了之後,再把步驟**4**的食材用湯匙舀進去。
6 將兩面煎至金黃變色,再以義大利巴西里作添飾,然後盛入盤中即可。

蝦球丸子

讓熟成的泡菜變得更加好吃,是一道口感令人驚豔的料理。
蝦肉要切成粗粗碎碎的喔!

●材料(7～8個份)
蝦子…140g
白菜泡菜…70g
麵粉…適量
蛋液…雞蛋1個份
麵包粉…適量
醬汁
「番茄醬…1大匙
辣椒醬…1/2大匙
醃黃瓜…2小匙
芥末醬…2小匙
大蒜(切片)…適量
沙拉油…適量

●做法
1 將蝦子洗淨後剝殼去腸泥,然後切成粗末。
2 將白菜泡菜切絲,然後徹底瀝乾水分。
3 將步驟**1**的蝦末和步驟**2**的泡菜絲混合在一起,再把增加黏性的麵粉加進去混合攪拌均勻,然後捏成丸子狀。
4 把步驟**3**的蝦球裹好麵粉、蛋液和麵包粉後,放進170℃的沙拉油裡油炸。
5 繼續用步驟**4**的沙拉油炸大蒜。
6 把醬汁的材料混合在一起。
7 把步驟**4**的蝦球和步驟**5**的大蒜盛入盤中,最後再附上步驟**6**的醬汁即可。

醬菜

醬菜 韓國水梨醃烤調味醬

山藥醬菜

山藥醬菜的口感非常獨特，拿來配飯或當下酒菜都很適合。
使用韓國水梨醃烤調味醬當作醃泡醬汁，就是一道低鹽又好吃的韓式醬菜了。

●材料
山藥…1根（約800g）
醬菜汁
├ 韓國水梨醃烤調味醬（P.48）
│ …1杯
│ 水…2又2/3杯
│ 玄米醋…2又2/3杯
│ 砂糖…2大匙多一點（20g）
│ 鷹爪辣椒…2～3根
└ 胡椒粒…適量

●作法
1 將山藥切成面寬1.5cm的方塊狀、長度3cm的條狀。
2 把鍋內的湯汁煮沸，再把步驟**1**的山藥快速過水燙一下去除黏性，然後把
　 水分擦乾。
3 把所有醬菜汁的材料全加進鍋裡，然後把它煮滾。
4 待步驟**3**的醬汁放涼至與人的肌膚差不多溫度時，再倒入裝有步驟**2**山藥
　 的碗中即可。

＊醃漬當天即可享用。
＊放入冰箱冷藏約可以保存2星期。

memo

醬菜

在韓國，醬菜跟泡菜一樣，同屬韓國人最常醃漬的食物。
醬菜是用蔬菜加醬油、味噌和醋等各式各樣的調味料醃泡製作而成。

製作流程

蔬菜備料 --- ▶ 製作醬菜汁 ──▶ 放涼至不燙手 ──▶ 醃漬蔬菜 ──▶ 放入密閉容器內保存

茄子醬菜

茄子擁有去除體內活性氧的絕佳功效。
如果要製成醬菜，請挑選籽較少的嬌小茄子。

●材料
茄子…2根
醬菜汁
┌ 醬油…5大匙
│ 玄米醋…3大匙
│ 砂糖…2大匙
│ 芝麻油…3大匙
└ 薑汁…1大匙
義大利巴西里…少許

●作法

1　將茄子切成長4cm，厚1.5cm，然後擦乾水分。

2　把所有醬菜汁的材料加進鍋中，然後煮滾。

3　把步驟 **1** 的茄子加入步驟 **2** 的鍋中，再次煮沸後熄火。

4　放涼後移入容器內，然後放進冰箱冷藏。要吃的時候再以義大利巴西里做添飾即可。

＊醃漬當天即可享用。
＊放入冰箱冷藏約可以保存1星期。

味噌　梅子酵素

章魚馬鈴薯熱沙拉　味噌沙拉醬

適合搭在一起吃的章魚和馬鈴薯。先用香味油把章魚和馬鈴薯拌在一起，
最後再附上擁有獨特美味的味噌風味醬料，以及大量的綠葉蔬菜。

●材料（4人份）

馬鈴薯（男爵）…2個（200g）
章魚（水煮好的）…120g
橄欖油…適量
香味油
┌大蒜（切泥）…2小匙
│洋蔥（切泥）…3大匙
│巴西里（切泥）…2小匙
│鹽巴…少許
│胡椒…少許
└橄欖油…2大匙

沙拉醬
┌韓國味噌…1大匙
│蘋果醋…2大匙
│砂糖…1大匙
│梅子酵素（P.26）…2大匙
└酒…2大匙
綠葉蔬菜（綜合綠葉蔬菜等沙拉專用的蔬菜）…50g

●作法

1　將香味油的材料混合在一起，並徹底攪拌均勻。
2　將馬鈴薯切成2cm的方塊狀，然後水煮3～4分鐘。
3　將步驟**2**的馬鈴薯確實擦乾水分，再放入加有大量橄欖油的鍋內煎炸至金黃變色。
4　把步驟**3**的馬鈴薯移入調理碗中，再和半量的步驟**1**香味油拌在一起。
5　把章魚隨意切塊，放入塗有橄欖油的平底鍋內快速拌炒，再和剩餘的香味油拌在一起。
6　將沙拉醬的材料混合在一起，並徹底攪拌均勻。
7　在盤內放上綠葉蔬菜、步驟**4**的馬鈴薯和步驟**5**的章魚，最後再附上步驟**6**的沙拉醬即可。

memo

韓國的味噌

韓國的味噌塊叫做「메주（讀音：Mejyu）」，它是把黃豆塊（黃豆蒸過）做成像磚塊
的形狀一樣，然後再用稻草把它綑緊吊在通風良好的地方晾乾，再加入水和鹽巴讓它徹
底發酵，45天後再分成醬油和味噌。之後再經過6個月，自然熟成後就會變成味噌。
日本的味噌是在黃豆裡加入米麴或麥麴所製成。嚐起來的味道雖然有點不一樣，不過兩
種都是富含胺基酸、擁有優質美味的發酵食品。

味噌　　梅子酵素

鰹魚細香蔥拌味噌

鰹魚的醇厚美味來自於體內豐富的油脂。在這道料理當中，使用了日本的調合味噌，
再加入玄米醋、橄欖油、醬油和梅子酵素調配成濃郁的醬料，
成為一道調性協調的料理。芥末也很加分喔！

●材料（4人份）

鰹魚（生魚片）…200g
細香蔥…50g
味噌醬
┌ 味噌（調合味噌）…2大匙
│ 芥末…1/2大匙
│ 玄米醋※…2大匙
│ 梅子酵素（P.26）…2大匙
│ 橄欖油…1又1/2大匙
└ 醬油…1大匙
芥末…1/2大匙

※玄米醋是以玄米做發酵・熟成的米醋，富含胺基酸。

●作法

1　將鰹魚切成一口大小。
2　將細香蔥切成等長4cm。
3　將味噌醬的材料混合在一起，並徹底攪拌均勻。
4　將步驟 **1** 的鰹魚和步驟 **2** 的細香蔥和步驟 **3** 的味噌醬拌在一起。
5　將食材盛入盤中，在附上芥末即可。

油炸山藥糯米餅　山藥味噌醬

油炸山藥，再附上味噌風味的山藥醬汁。山藥的麵衣是使用顆粒較粗的韓國糯米粉。
雖然口感會有點不一樣，但也可以用日本的糯米粉。

●材料（4人份）

山藥…400g
鹽巴…1/2小匙
太白粉水
┌ 太白粉…4大匙
└ 水…3/4杯
糯米粉…1杯

山藥味噌醬汁
┌ 韓國味噌…1大匙
│ 蘋果醋…2大匙
│ 砂糖…1大匙
│ 梅子酵素（P.26）…2大匙
│ 山藥（磨泥）…40g
│ 紅辣椒（切細末）…1/2根
└ 綠辣椒（切細末）…1/2根
芽蔥…適量
沙拉油…適量

●作法

1 將山藥縱切成兩半，再切成厚一點的半月形，然後撒上鹽巴。

2 把步驟 1 的山藥泡入太白粉水底，然後撒上糯米粉。

3 把沙拉油燒熱至170℃，然後將步驟 2 的山藥放進去油炸。

4 除了山藥泥、紅辣椒和綠辣椒以外，把山藥味噌醬的所有材料混合在一起，然後倒入盤中，再放上山藥泥、紅辣椒和綠辣椒。

5 把芽蔥鋪在盤中，再放上步驟 2 的山藥，最後在附上步驟 4 的山藥味噌醬即可。

用味噌醬開心享用綜合蔬菜

這是一種義式料理，用熱熱的沾醬配著蔬菜一起吃，稱作「Bagna càuda」。
在此，我在最愛的「Bagna càuda」裡加入發酵調味料－味噌，把它變成韓國風味的熱沾醬。
就讓我們用以下兩種不同的醬料來享用吧！

●材料（4人份）
蔬菜
┌ 蘆筍…4支
│ 蕪菁…2個
│ 馬鈴薯…1個
│ 迷你小黃瓜…3～4條
│ 橘色甜椒…1/4個
│ 黃色甜椒…1/4個
│ 綠色花椰菜…1/4株
│ 小松菜…適量
│ 香菇…4朵
│ 洋蔥…適量
│ 南瓜…適量
│ 迷你小番茄…4個
│ 地瓜…1條
└ 等自己喜歡的食材
醬料…適量

●作法
1　將蔬菜洗淨，然後各別切成容易入口的大小。
2　將蘆筍、蕪菁、馬鈴薯、綠色花椰菜、南瓜和地瓜清蒸或水煮。
3　將蔬菜盛入盤中，最後再附上醬料即可。

醬料

把加進豆漿後加熱的大蒜搗碎，再和鯷魚、橄欖油和韓國味噌混合攪拌而成的醬料。也有加入梅子酵素，幫助增加甜味。

●材料
豆漿…1/4杯
大蒜…3粒
橄欖油…4大匙
鯷魚…4片
梅子酵素（P.26）…2大匙
韓國味噌…1大匙

●做法
1　把大蒜放入豆漿中，放進微波爐加熱2～3分鐘。
2　大蒜加熱完畢後，把豆漿倒掉，再把大蒜搗碎，然後和橄欖油、鯷魚、梅子酵素和韓國味噌混合攪拌均勻。

＊放入冰箱冷藏約可以保存1個月。

包飯醬

也請品嚐看看左頁照片中，位於後方的麥味噌醬，包飯醬。包飯醬的韓文寫做「쌈장（讀音：Samuj-yan）」。「쌈」是「包」的意思，「장」則是「醬」的意思。即是「用蔬菜包起來吃的味噌」。包著醬一起吃，可以讓蔬菜吃起來更加美味可口。

●材料（4人份）
麥味噌…4大匙
黃豆粉…2大匙
研磨芝麻…2大匙
韓式辣椒粉（中等顆粒）…1大匙
洋蔥酵素（P.12）…2大匙
芝麻油…2大匙
洋蔥（切泥）…1小匙

●做法
1　將全部的材料混合在一起。

＊放入冰箱冷藏約可以保存1個月。

牛蒡天婦羅
附棗子苦椒醬

裹上加入糯米粉的麵衣，把蓮藕做成天婦羅，再塗上棗子醬。
把棗子打成泥狀，調製成帶有甜味的醬料，拿來沾水煮蕪菁或煎豆腐都很好吃。

● 材料
牛蒡…300g
天婦羅麵衣
「太白粉…3大匙
 水…3大匙
_糯米粉…3大匙
棗子醬
「棗子…50g
 水…1杯
 苦椒醬…5大匙
 洋蔥酵素（P.12）…5大匙
 醬油…3大匙
_蜂蜜…1大匙
沙拉油…適量
棗子…少許
紅辣椒…適量

● 做法
1　將牛蒡切成長5cm、厚5mm的薄片，然後泡入醋水（記載份量外）裡，再放到水龍頭底下沖洗乾淨。水分擦乾後輕輕灑上一點鹽巴（記載份量外）。
2　將天婦羅麵衣的材料混合在一起，再把步驟 1 的牛蒡浸入底層，然後放進170℃的沙拉油裡油炸。
3　用濕布擦拭棗子，然後加入1杯水煮約20分鐘。煮軟後去籽，然後放進果汁機中打爛。
4　把剩餘的棗子醬材料加進步驟 3 的棗子泥中，用小火煮到起泡並收乾水分。
5　把剛炸好的步驟 2 天婦羅用毛刷塗上步驟 4 的醬汁。
6　把牛蒡盛入盤中，然後放上切成裝飾形狀的棗子，最後再附上紅辣椒即可。

＊棗子醬放入冰箱冷藏約可以保存1個月。

早上起來幫孩子們做便當,是我每天的重要功課。
為了避免小菜軟掉,我還加了一些蔬菜和雜穀進去,
偶爾也會幫孩子們做這種韓國風味的便當。
挑選一個湯汁不易外漏、小菜也好拿取的合適便當盒,
並且用心擺飾蔬菜,幫便當增添賞心悅目的色彩。

照片中的便當,裡頭的小菜在本書當中都有示範。
適合做給考生或者辛苦工作的老公喔!

1	十穀米飯糰
2	蘆筍
3	蝦球丸子　P.69
4	迷你小番茄水泡菜　P.67
5	梅子酵素醃蓮藕　P.36
6	韓式地瓜泡菜煎餅　P.69
7	胡桃和杏仁的糖菓子　P.47
8	韓式涼拌菠菜

chapter 3

有助於提升免疫力的

蔬菜・樹果・雜穀食譜料理

韓國料理被視為最能攝取到大量蔬菜的料理。
不僅是蔬菜,也大量攝取了樹果和雜穀。
在本章節裡,我們要介紹的是,
使用這些天然食材讓身體和肌膚都能變得年輕有活力
的料理。

何謂**天然食材**的能量?

每一種食材裡,都蘊藏著無法使用蛋白質或維生素
等營養素標示的原有能量。就讓我們在料理當中,
把這些能量通通激發出來吧!

樹果(堅果)有什麼效果?

胡桃和松仁,在東方國家被視為可以暖和身體的樹
果。杏仁富含維生素和礦物質,也含有高抗氧化的
維生素E。幫助打造「不生鏽」的身體。

何謂**雜穀**?

雜穀有許多不同的定義,在此是指白米以外的穀
類,這樣是否比較好懂了呢?雜穀可以改善腸內環
境,具有整腸效果,從體內開始變得乾淨漂亮。

■ 本章節所介紹的
蔬菜、樹果、雜穀

主要蔬菜
南瓜、小黃瓜、馬鈴薯、蓮藕、牛蒡、
山芋、白蔥、洋蔥、茼蒿等。

樹果(&辛香料)
杏仁、胡桃、枸杞、棗子、銀杏、松仁、
花椒等。

雜穀
糯米、黑米。

杏仁蓮藕煎餅
附健康牛蒡茶

利用蓮藕的澱粉質做出一道樸質的煎烤風味煎餅—「전」（煎）。
牛蒡茶的香氣芬芳又好喝，我每天都喝1500cc左右。

杏仁蓮藕煎餅

●材料（4人份）
蓮藕…200g
糯米粉…1～2大匙
鹽巴…1小匙
杏仁（搗成粗粒的）…2大匙
沙拉油…適量

●做法
1 將蓮藕削皮後泡入水中，然後磨成泥。
2 將步驟1的蓮藕瀝乾水分，然後加入糯米粉、鹽巴和杏仁混合在一起。
3 溫熱平底鍋，然後倒入多一點沙拉油進去，油熱了之後用湯匙勺起步驟2的蓮藕泥，然後壓成圓盤狀進平底鍋。將兩面煎得酥脆，最後再盛入盤中即可。

健康牛蒡茶

●材料
牛蒡茶※…10g
水…1L

●做法
1 將牛蒡茶加入水裡後開大火，煮沸後轉成小火煮20分鐘，煮到入味。
2 倒入玻璃杯中。放涼的也很好喝。

※牛蒡茶的製作方法
1 將牛蒡（2kg）洗淨，稍微留一點皮，然後斜切成1cm的薄片，然後曬2～3天。
2 放進平底鍋中，用小火慢慢地炒到表面變成咖啡色後，用篩子過篩去除髒汙。

牛蒡
富含膳食纖維的傳統蔬菜。膳食纖維可以幫助腸道排出老廢物質，具有排毒效果，也可有效改善便秘的問題。

蔬菜、樹果、雜穀　細細品嚐好吃的滋味

黑米蔘雞湯粥

富含大量膠質的湯，再配上黑豆和黑米，裡頭的多酚可以提升免疫力，
是一道幫助消化的「超好喝湯粥」。

●材料（4人份）
雞翅膀…5～6個
A
    白蔥…5cm
    洋蔥…1/6個
    乾辣椒（或者是鷹爪辣椒）…1根
    大蒜…2粒
    薑…10g
    芹菜（葉子的部分）…5～6cm
    水…8杯
雞胸肉…1片（約300g）
黑豆…10粒
黑米…30g
糯米…50g
棗子…4個
剝好的栗子（也可使用冷凍栗子）…4個
枸杞…少許
棗子（裝飾用）…少許

●作法
1　黑豆用水浸泡一個晚上。
2　將雞翅膀放入鍋中，再把所有A的材料加進去，
　　然後燉煮約40分鐘，等煮到肉一碰就快散掉般
　　柔軟時，就把骨頭取出。
3　將雞胸肉切成一口大小，並去皮。
4　在步驟 2 的鍋中加進步驟 3 的雞胸肉，然後繼續
　　把步驟 1 的黑豆、黑米和糯米加進去，再燉煮約
　　30分鐘。
5　等米粒煮到像粥一樣腫腫軟軟後，就把棗子和栗
　　子（太大的話可以只放一半）放進去，接著熄火
　　燜蒸10分鐘。
6　將食材盛入碗中，然後放上枸杞和裝飾用的棗
　　子，最後把鹽巴（記載份量外／少許）放進小碟
　　子裡附上即可。

枸杞牛肉藥膳鍋

把切成薄片的牛肉和具有藥效的蔬菜或樹果加在一起隔水燉煮。
枸杞可以改善貧血，具有補血潤膚的功效。請帶著愉快的心情享用吧！

●材料（2～3人份）

切成薄片的牛腿肉…200g

醃料

> ┌ 酒…1大匙
> │ 鹽巴…1/2小匙
> └ 胡椒…少許

水…1又1/2杯
昆布（3cmX3cm）…1片
乾香菇…2朵
山藥…50g
白蔥…1/3根
棗子…5～6個
銀杏…6個
枸杞…30g
鹽巴…2小匙
沙拉油（或者牛脂）…適量

●作法

1　把酒、鹽巴和胡椒撒在牛肉上，然後靜置10分鐘讓它入味。

2　把乾香菇和昆布泡入水中，然後靜置1小時泡出湯汁。再把香菇對切成兩半。

3　將山藥切成厚1cm的半月形。

4　將白蔥切成寬約1cm的蔥花。

5　棗子去籽後切成4等分。

6　拌炒銀杏。

7　在平底鍋內加入沙拉油熱鍋，然後拌炒步驟**1**的牛肉。

8　在砂鍋內放入步驟**7**的牛肉、步驟**3**的山藥、步驟**4**的白蔥花、步驟**5**的棗子、步驟**6**的銀杏和步驟**2**的香菇後，再加入枸杞和步驟**2**的湯汁，最後再加上鹽巴。

9　拿一個比砂鍋大一圈的鍋子注滿水，再把步驟**8**的砂鍋放進去隔水加熱30分鐘。

10　試一下味道，並視情況加入鹽巴（記載份量外）做調整。

11　把食材盛入盤中，再把鹽巴（記載份量外／少許）放入小碟子內附上即可。

●材料（4人份）
鰤魚（生魚片）…200g
水菜…適量
紅辣椒（切泥）…少許
綠辣椒（切泥）…少許
醬料
┌ 茼蒿…50g
│ 橄欖油…1/4杯
│ 大蒜…1個拇指節
│ 松仁…15g
│ 鹽巴…1/3小匙
│ 胡椒…1/3小匙
└ 鯷魚露…1大匙

●做法
1　將鰤魚切成生魚片。水菜切成
　　容易入口的大小。
2　將醬料的材料全部混合在一
　　起，再放入果汁機攪拌到柔軟
　　滑順。
3　將步驟 **1** 的食材盛入冰過的盤
　　中，再淋上步驟 **2** 的醬料，最
　　後再以紅辣椒和綠辣椒作添飾
　　即可。

蔬菜
樹果/雜穀

鰤魚水菜佐青醬

我使用具有改善焦躁和失眠的茼蒿做了義式青醬。
茼蒿的苦味真是好吃得令人無可言喻。

糖漬棗子

棗子是滋養豐富的藥材，在韓國料理當中，也經常被用在一般的菜餚裡。
其中糖漬是最受歡迎的吃法，在此，我還加入了蘋果酵素，讓營養和美味都升級。

●材料（4人份）
棗子…50g
水…3杯
蘋果酵素（P.38）…1/4杯
蘭姆酒…2大匙
蜂蜜…2大匙

●做法
1　用濕布把棗子擦乾淨。
2　把步驟1的棗子和2杯水放入鍋中
　　後開火，煮到水分收乾。在快要
　　收乾的時候加入剩餘的水，然後
　　轉小火把它煮到膨脹為止。
3　加入蘋果酵素和蘭姆酒，然後再
　　燉煮10分鐘左右。
4　最後淋上蜂蜜就完成了。

＊放入冰箱冷藏約可以保存1個月。

南瓜糯米煎餅

南瓜裡的β-胡蘿蔔素可以提高防禦機能，
阻擋病毒入侵。

●材料（4人份）
南瓜…1/4個（約300g）
糯米粉…75g
胡桃（搗碎的）…2大匙
鹽巴…1小匙
葡萄籽油…適量
南瓜籽…少許
枸杞…少許

●做法

1　把南瓜放入鍋中，然後注滿快要蓋過南瓜的水，水煮15
　　分鐘。等煮軟到可以用竹籤刺穿的程度就撈起來，再用
　　叉子等工具搗碎。

2　在步驟1的南瓜中加入糯米粉和鹽巴，再用切的方式做
　　攪拌，然後把胡桃加進去，攪拌到跟耳垂一樣軟。這裡
　　要根據南瓜的水份量調整糯米粉的粉量。

3　熱平底鍋，然後塗上稍多一點葡萄籽油，等油熱了之
　　後，再把步驟2的南瓜泥用湯匙舀進去。

4　待兩面煎成金黃色時就可盛入盤中，最後再以南瓜籽和
　　枸杞做添飾即可。

迷你小番茄海瓜子煎餅

我試著把迷你小番茄和海瓜子混合在一起，做成煎餅。
也可以加點起司當作配料。

●材料（4人份）

海瓜子…200g（瓜肉僅80g）
水…1杯
海瓜子的煮汁…1/2杯
迷你小番茄…10個
洋蔥…30g
細香蔥…1根
煎糯米粉…75g
鹽巴…1小匙
葡萄籽油…適量

●作法

1　把水加入鍋中後煮沸，然後再放入海瓜子煮滾3分鐘。

2　把海瓜子肉從殼裡取出，然後再粗略地切碎。取1/2的煮汁
　　備用，之後要當作湯汁使用。

3　將迷你小番茄切成厚1cm的薄片，洋蔥要切成粗末，細
　　香蔥要切成蔥花。

4　在煎糯米粉中加入步驟2的煮汁和鹽巴混合攪拌，再加
　　入步驟2的海瓜子肉和步驟3的食材，再次混合攪拌。

5　熱好平底鍋，然後塗上一層葡萄籽油，再用湯匙把步驟
　　4的食材舀進去。

6　將兩面煎成金黃色再盛入盤中就完成了。

小黃瓜烏賊煎餅

小黃瓜帶有獨特的苦澀味，因此附上水果風味的藍莓醬料。吃起來酸酸甜甜的，非常適合這道料理。

●材料（2人份）
煎糯米粉…70g
小黃瓜…1根（120g）
烏賊…80g
鹽巴…1/2小匙
沙拉油…適量
沾醬
┌ 冷凍藍莓…50g
│ 鹽巴…1/3小匙
│ 蘋果醋…1大匙
│ 高麗參酵素（參考下述）
└ …1大匙

＊如果沒有高麗參酵素，也可以用洋蔥酵素或蘋果酵素代替。

●作法
1　將烏賊切成容易入口的大小。
2　小黃瓜連皮一起磨成泥。
3　在煎糯米粉中加入步驟1的烏賊和步驟2的小黃瓜泥，再加入鹽巴用長筷子以切的方式做攪拌（攪拌過頭會變硬）。
4　熱好平底鍋，塗上稍微多一點的沙拉油，待油熱了之後，加入半量步驟3的食材，並弄成薄薄的圓餅狀，把兩面煎熟。接著再以相同方式煎好第2片。
5　把沾醬的材料全部混在一起，再用電動攪拌器攪拌均勻。
6　將步驟4的煎餅盛入盤中，最後再附上步驟5的醬汁即可。

高麗參酵素
使用和高麗參片同等份量的糖來醃製。醃製方法請參考P.8～P.9。

咖哩馬鈴薯煎餅

推薦各位使用澱粉質含量較高的男爵馬鈴薯。
雖然磨成泥後容易變色，
但我們可以加點洋蔥泥防止它變色。

●材料（4人份）
馬鈴薯（男爵）…3個（240g）
洋蔥（磨成泥）…1大匙
咖哩粉…2小匙
鹽巴…1/2小匙
葡萄籽油…適量
枸杞…少許
義大利巴西里…少許

●作法
1　將馬鈴薯磨成泥，磨出來的水分要倒掉。
2　把洋蔥泥加進步驟1的馬鈴薯泥中。
3　把咖哩粉和鹽巴加入步驟2，然後用切的方式做攪拌。
4　熱好平底鍋，然後塗上稍微多一點的葡萄籽油，待油熱了之後，再用湯匙把步驟3的馬鈴薯泥舀進去。
5　將兩面煎成金黃色再盛入盤中，然後以枸杞做添飾，最後再添上義大利巴西里即可。

山藥粥

山藥富含維生素C。幫助消化和吸收，並且可以保護腸胃黏膜，
是一種適合大量加入粥裡的食材。基本上，煮粥的比例是一杯米要兌入七杯水。

●材料（4人份）

糯米…1杯

高湯
┌ 昆布（10cmX10cm）…1片
└ 水…7杯

山藥…150g

紅蘿蔔…20g

芝麻油…1小匙

枸杞…10g

鹽巴…1小匙

青蔥…少許

紅辣椒…少許

●作法

1　將糯米洗淨，然後泡入水中2小時，再瀝乾水分。

2　把昆布泡入水中，製作高湯。

3　把2/3（100g）的山藥磨成泥，剩下的1/3（50g）粗略地切成5mm
的方塊狀。

4　將紅蘿蔔切成細末。

5　在平底鍋中塗上一層芝麻油，然後放入步驟 **1** 的糯米拌炒，炒到有
點透明感後再加入步驟 **2** 的昆布高湯。

6　煮沸之後轉成小火燉煮20分鐘。

7　加入步驟 **3** 和步驟 **4** 的食材後，再燉煮10分鐘，然後加入枸杞，並
用鹽巴調味。

8　把食材盛入碗中，最後再以青蔥花和切成小片狀的紅辣椒做添飾即
可。

鱈魚乾粥加豆芽菜
附泡菜

在韓國，如果要對付宿醉的話，通常會在隔天早晨喝一碗用黃豆芽菜和鱈魚乾熬煮而成的湯。它還可以幫助女生排毒，所以這次我就用這2種食材來煮粥。

●材料（4人份）

米…1杯

高湯

　水…8～9杯※
　昆布（10cmX10cm）
　…1片
　乾辣椒（或者是鷹爪辣椒）
　…1根
　白蔥…1/3根
　小魚乾…抓1把

芝麻油…1小匙

鱈魚乾…抓1把（約60g）

黃豆芽菜…200g

蝦醬…2大匙

枸杞少許

白菜泡菜（已熟成的）…50g

※熬煮高湯的時候，水量也會跟著蒸發掉，因此請使用比預設值再多一點的水。

●作法

1　將米洗淨，然後泡入水中30分鐘，再瀝乾水分。

2　把昆布泡入煮高湯用的水中。

3　把小魚乾的內臟和頭拿掉，再乾炒。

4　把步驟2的高湯注入鍋中，然後把步驟3的小魚乾和剩餘的高湯材料混合在一起煮滾，煮滾後轉小火燉煮30分鐘，最後再過濾。

5　在砂鍋中塗上一層芝麻油，然後把切成2cm長的鱈魚乾放進去拌炒，再把步驟1的米和步驟4的高湯加進去。

6　煮沸後轉成小火，然後燉煮約20分鐘。

7　加入黃豆芽菜和蝦醬，再煮10分鐘。

8　最後再以枸杞做添飾，並附上切碎的白菜泡菜即可。

＊請根據喜好加入鹽、芝麻粉、碎海苔也很好吃哦！

蜂蜜拌炒丁香魚
和杏仁

請一定要把這一道料理新增到家庭常備菜裡。
請準備稍微大隻一點的丁香魚。
在這裡我們加入了洋蔥酵素，讓味道更升級。

●材料（4人份）

丁香魚…80g

酒…1又1/2大匙

杏仁（搗碎的）…50g

薄口醬油…1又1/2大匙

洋蔥酵素（P.12）…2大匙

蜂蜜…2大匙

芝麻油…1小匙

研磨芝麻…1大匙

枸杞…少許

棗子…少許

●作法

1　把丁香魚的內臟和頭拿掉。

2　把步驟1的丁香魚放入平底鍋中快速拌炒一下。在此請適時變換小火和中火來拌炒，以免炒焦。

3　把酒加入步驟2的丁香魚中，藉此除去腥味。

4　用廚房紙巾把平底鍋擦拭乾淨，再把步驟3倒回去，並加入杏仁再次拌炒。

5　加入薄口醬油和洋蔥酵素，等炒到水份快收乾時，再加入蜂蜜和芝麻油快速混合攪拌一下。

6　熄火後，把芝麻加進去攪拌。

7　把食材盛入盤中，然後撒上枸杞，然後再以切成裝飾用的棗子做添飾即可。

藥膳鍋

一次就可享受到2種不同湯品的藥膳鍋。
一是活用昆布美味的原味高湯，二是香辣刺激的辣味高湯。
讓您從體內開始暖和起來，也能提高排毒效果。

●材料（4人份）
小松菜…1束
綠豆芽菜…1袋
蕪菁…2個
馬鈴薯…1個
地瓜…1條
木耳…4片
香菇…4朵
海帶芽…適量
豆腐…1/2塊
豬肩里肌薄片（涮肉用）…300g
原味高湯
┌ 昆布高湯…2L
│ 棗子…3個
└ 龍眼肉※1…5顆
辣味高湯
┌ 水…2L
│ 花椒※2…1大匙
│ 麻椒※3…1大匙
│ 乾辣椒（或者是鷹爪辣椒）…2根
│ 鹽巴…1小匙
└ 韓式辣椒粉（中等顆粒）…3大匙
沾醬
┌ 芝麻糊…6大匙（也可用半量的芝麻醬代替）
│ 韓國水梨醃烤調味醬（P.48）…3大匙
└ 蠔油…1大匙
沾醬糊
┌ 韓國水梨醃烤調味醬（P.48）…1杯
└ 黑醋…1/3杯多一點（70ml）
佐料
┌ 香菜、白蔥、紅辣椒、綠辣椒、青蔥、
└ 芹菜、榨菜等。

＊蔬菜可以自由做變換。請挑選自己喜愛的蔬菜。
※1　龍眼肉是使用乾燥後的龍眼肉，擁有各種藥效。
※2　花椒是山椒的夥伴，香味相似，但比山椒辣一點。
※3　麻椒也稱作紅胡椒，它能帶給舌頭辛辣的刺激感，
花椒負責用香氣調味，麻椒負責用辣味刺激味覺。

●作法
1　將蔬菜洗淨，再把海帶芽和豆腐切成容易入口的大小。
2　將原味高湯的材料混合在一起，然後燉煮30分鐘。
3　將辣味高湯的水煮沸，然後加入花椒和麻椒，接著再加入
　　整條乾辣椒、鹽巴和辣椒粉後煮滾。
4　將沾醬和沾醬糊的材料各別混合攪拌均勻。
5　將佐料的材料都切成小圓片和細末。
6　在分成兩槽的鍋內各別倒入步驟2和步驟3的高湯後煮
　　熱，再加入喜歡的蔬菜和豬肉，像在吃涮涮鍋一樣把食材
　　涮熟，最後再依個人喜好附上步驟4的沾醬和步驟5的佐
　　料即可。

＊花椒和麻椒都非常辣，建議等熬出風味後把它撈出來。

●材料（4人份）
糯米粉…100g
高筋麵粉…200g
鹽巴…1/2小匙
溫水…1又1/4杯
乾酵母…1小匙
三溫糖…2小匙
餡料
┌ 胡桃（切碎的）…100g
│ 杏仁（搗碎的）…30g
│ 蘋果酵素（P.38）…2大匙
│ 細砂糖…3大匙
│ 肉桂粉…適量
└ 粗砂糖…1大匙
鮮奶油…適量
當季水果…適量
黑糖水…適量
肉桂糖粉…少許
沙拉油…適量

●作法
1　將糯米粉、高筋麵粉和鹽巴混合在一起。
2　把乾酵母和三溫糖加進溫水中，暫時浸泡一會兒。
3　把步驟2加進步驟1中充分攪拌，然後放在溫暖的地方1小時，讓麵團發酵。
4　把餡料的材料混合在一起，並充分地攪拌均勻。
5　把步驟3的1/4麵團拓開在掌心中，再包入步驟4的餡料，把它搓成丸子狀。
6　熱好平底鍋，然後塗上稍微多一點的沙拉油，待油熱了之後，再把步驟5的食材放進去，並用鍋鏟把它壓扁。以相同的方式製作其他4片。
7　將兩面煎成金黃色，並切成容易入口的大小，然後盛入盤中。用鮮奶油和當季水果做添飾，再淋上黑糖水，最後再撒上肉桂糖粉就完成了。

蔬菜 樹果/雜穀　　**蘋果酵素**

韓式餡餅

乍看之下很像是加了水果和鮮奶油的鬆餅，
吃一口之後會發現它其實是口感親切的糕餅。在我們咖啡店也超受歡迎。
在這裡，我們使用蘋果酵素替它增添水果風味。

後 記

雖然本書的書名叫做『韓食‧健康雙酵料理★COOK BOOK』，但或許會有讀者認為內容似乎不怎麼道地，不過，本書所介紹的料理，其根基的確是建立在我從以前到現在，所學到的韓國料理上面。

我在大阪開設了一間韓國料理教室。聘請了許多來自韓國的韓國人老師，為我們示範韓國當地的傳統料理、鄉土料理以及特色料理。
我本人也親自到韓國‧首爾的一間韓國傳統飲食研究所學習傳統‧宮廷料理，當中也涵蓋了藥膳料理，至今仍持續學習中。擔任研究所所長的尹淑子老師，也是我們大阪料理教室的教職員之一。

尹老師不拘泥於古典的韓國料理，而是強調必須充分使用該國的食材，將韓國料理的心意包含在料理中。
也經常說，要將每個季節盛產的食材都徹底用過一遍。

受了這些話的薰陶，讓我開始使用身邊好取得的材料，也意識到當季食材與健康的重要，即使需要費點功夫製作的料理，也不覺得辛苦，而是自然融入在每天的飲食生活當中。調理當季食材總需要多花點時間。但多花費的部分，正是我對這道料理所注入的滿滿的愛。這樣，料理就變得更加好吃了。

為了喚醒讀者對吃與健康的關心，於是我出版了此書，但願能盡點棉薄之力。

吉川創淑

與助理老師一起在李朝園料理教室攝影棚。

PROFILE

吉川 創淑(梁 創淑)　YOSHIKAWA,Soushuku(RYANG,Chang Suk)

1972年出生於大阪市。李朝園股份有限公司總經理。料理研究家。食品指導協調師(food coordinator)。
1994年大學畢業後，繼承家業進入泡菜製造業.爾後經過不斷地改良，終於研發出李朝園招牌泡菜，它是以
無添加鰹魚片和磷蝦乾的深沉口感為基底的獨創口味。2005年，創立了販賣與飲食兩者兼具的餐飲店，到
現在總共擁有30間連鎖店。也有販賣韓國食材。2010年，抱著對飲食文化的興趣，順利修完食品指導協調
師的專業養成課程。2011年，在韓國宮中飲食研究院修完宮中飲食以及宮中糕餅課程。並在韓國傳統飲食
研究所修完韓國藥膳master。考進奈良女子大學研究所人類文化研究科，修完研究食 生命科學特論的全部
課程。同年，開始在料理教室擔任講師，並積極開設了各式各樣的料理講座。

著書有:『魅力の済州島料理と韓国健康ごはん』(暫譯:有魅力的濟州島料理和韓國健康料理)(旭屋出版)

李朝園　RICHOUEN

除了以大阪市天王寺區上本町店為首，在全國都有分店的Korean dining李朝園之外，還擁有以茶和糕餅為主的tamo-café、內臟料理專
門店浪花hormone 280、燒肉李朝園、可外帶的便當DELI李朝園等店鋪。另外也有經手處理泡菜和涼麵等自家製造的食品，以及在網路
販售從韓國進口的調味料、馬格利米酒等食材。

TITLE

韓食・健康雙酵料理

STAFF

出版	瑞昇文化事業股份有限公司
作者	吉川創淑
譯者	黃桂香

總編輯	郭湘齡
責任編輯	黃思婷
文字編輯	黃美玉　莊薇熙
美術編輯	謝彥如
排版	二次方數位設計
製版	昇昇興業股份有限公司
印刷	皇甫彩藝印刷股份有限公司
法律顧問	經兆國際法律事務所　黃沛聲律師

戶名	瑞昇文化事業股份有限公司
劃撥帳號	19598343
地址	新北市中和區景平路464巷2弄1-4號
電話	(02)2945-3191
傳真	(02)2945-3190
網址	www.rising-books.com.tw
Mail	resing@ms34.hinet.net

初版日期	2015年9月
定價	280元

國家圖書館出版品預行編目資料

韓食.健康雙酵料理 / 吉川創淑作；黃桂香譯.
-- 初版. -- 新北市：瑞昇文化, 2015.08
96　面；25.7 x 19　公分
ISBN 978-986-401-042-4(平裝)

1.食譜 2.酵素 3.韓國

427.132　　　　　　　　　　104015892